Abel Hernández-Muñoz

RELACIONES PLANTA-ANIMAL

Abel Hernández-Muñoz

RELACIONES PLANTA-ANIMAL

Interacciones de plantas con aves y murciélagos

Editorial Académica Española

Imprint

Any brand names and product names mentioned in this book are subject to trademark, brand or patent protection and are trademarks or registered trademarks of their respective holders. The use of brand names, product names, common names, trade names, product descriptions etc. even without a particular marking in this work is in no way to be construed to mean that such names may be regarded as unrestricted in respect of trademark and brand protection legislation and could thus be used by anyone.

Cover image: www.ingimage.com

Publisher:
Editorial Académica Española
is a trademark of
Dodo Books Indian Ocean Ltd. and OmniScriptum S.R.L publishing group

120 High Road, East Finchley, London, N2 9ED, United Kingdom
Str. Armeneasca 28/1, office 1, Chisinau MD-2012, Republic of Moldova, Europe
Printed at: see last page
ISBN: 978-613-9-40539-8

RELACIONES PLANTA-ANIMAL

Abel Hernández Muñoz

INDICE

INTRODUCCIÓN

Aunque algunos grupos humanos han mantenido su desarrollo sin alterar negativamente la naturaleza, fenómenos como la fragmentación de hábitat, el uso de pesticidas y la introducción de especies exóticas son amenazas derivadas en su mayoría de las actividades humanas. Esto ha llevado a una crisis ecológica, que desafortunadamente se ha convertido en uno de los nuevos retos de la biología de la conservación. Se ha propuesto que la fragmentación del hábitat puede modificar las condiciones microclimáticas, los flujos de agua y nutrientes y la incidencia de luz, lo cual puede provocar a su vez un aumento en la temperatura y la desecación (Saunders et al. 1991).

También se ha sugerido que la fragmentación afecta directamente la distribución (mediante movimientos de poblaciones e individuos) y abundancia de las aves (mediante extinción local). Por ejemplo, Kattan *et al.* (1994) documentaron la extinción local de varias especies de aves en un bosque andino después de varias décadas de ocurrida la fragmentación. En el mismo estudio, los autores evaluaron varias características asociadas a las aves, tales como tipo de alimentación, distribución vertical, tamaño corporal y poblacional, grado de especialización y tasas reproductivas y de sobrevivencia, como posibles indicadores de susceptibilidad a la extinción vía fragmentación. Encontraron que las especies de aves más susceptibles a la extinción en su sitio de estudio fueron aquellas que se encontraban en su límite de distribución altitudinal, las aves insectívoras del sotobosque y las aves frugívoras grandes del dosel.

Los efectos no siempre son detrimentales, ya que se ha observado que algunas aves responden de manera positiva a la fragmentación (Kattan *et al.* 1994). Esto es particularmente esperado en el caso de especies nectarívoras, frugívoras y granívoras que se mueven en busca de recursos, sobre todo las que lo hacen altitudinalmente (Loiselle & Blake 1992, Kattan *et al.* 1994, Ornelas & Arizmendi 1995, Gordon & Ornelas 2000). En un estudio pionero realizado en Manaos sobre cómo la fragmentación afecta poblaciones de nectarívoros, Stouffer & Bierregaard (1995) documentaron que los colibríes pueden responder positivamente en términos de abundancia a la fragmentación del bosque; sin embargo, no se investigó si las respuestas se debieron a variaciones en las tasas de recursos alimenticios entre los niveles de fragmentación.

En las últimas décadas se ha sido testigos de varios casos de extinción de polinizadores, sobre todo de aquellos que viven en islas (Cox & Elmqvist 2000), pero son pocas las contribuciones en la literatura sobre la manera en la que se ven afectados los procesos (Aizen & Feinsinger 1994a, Aizen & Feinsinger 1994b, Cox & Elmqvist 2000, Paton 2000). La extinción local de uno de los componentes en interacciones planta-ave puede conducir a la extinción de las contrapartes en la interacción. Teóricamente, las interacciones planta-ave pueden ser modificadas por procesos asociados a la fragmentación (Rathche & Jules 1993). Por ejemplo, se ha observado que el parasitismo, el parasitismo de nidos y la consumo aumentan como resultado de la fragmentación, pero en ninguno de los casos se ha demostrado experimentalmente esta relación. Aizen & Feinsinger (1994a, 1994b) observaron que los niveles de polinización y producción de frutos y semillas se reducen conforme el tamaño del fragmento disminuye, pero la magnitud del efecto es variable entre fragmentos del mismo tamaño. Esto sugiere que la escala juega un papel importante en la magnitud del efecto de la fragmentación sobre las interacciones. Al respecto, Gordon & Ornelas (2000) han propuesto que hay especies críticamente dependientes de un hábitat, aunque aparentemente se comporten como generalistas en el uso de recursos en ese hábitat ("especialistas crípticos de hábitat"). Esta distinción es importante ya que los esquemas de priorización en la conservación de la biodiversidad global se establecen utilizando restricción del hábitat (p. ej. especies endémicas, especies que se distribuyen en ambientes fuertemente fragmentados o disminuidos) como un indicador de susceptibilidad ecológica. Sin embargo, las necesidades de conservación podrían subestimarse en aquellas regiones y ecosistemas que contienen una alta proporción de especialistas crípticos de hábitat (p. ej. migrantes altitudinales).

En esta obra presentamos la problemática de aquellas aves que establecen relaciones con las plantas. Nuestro interés es describir la complejidad de las interacciones planta-ave y su conservación. En lugar de presentar una revisión exhaustiva de la literatura, optamos por delinear los puntos más sobresalientes del tema.

POLINIZACIÓN, DISPERSIÓN Y CONSUMO DE SEMILLAS

Aunque se conocen casos de mutualismos obligados, la mayoría de las interacciones planta-ave son de tipo generalista, tanto desde el punto de vista de la planta como desde el punto de vista del polinizador o dispersor de semillas. La raíz de esto radica en el oportunismo de ambas partes. Para entender esto, considere lo que podría ser llamado como la naturaleza evolutiva fundamental de sistemas como el de polinización y dispersión de semillas (Kearns *et al.* 1998). Las plantas y sus polinizadores y/o dispersores de semillas son mutualistas, cada uno beneficiándose de la presencia del otro. Sin embargo, el mutualismo derivado de ello no es necesariamente siempre simétrico ni de cooperación. De hecho, se piensa que estos mutualismos derivan evolutivamente de relaciones que fueron completamente antagonistas (Proctor *et al.* 1996). Las razones por las cuales plantas y animales establecen estas alianzas son distintas, en el caso de las plantas es la reproducción y para los animales es la obtención de alimento. Esta diferencia fundamental puede llevar a los interactuantes a un conflicto de intereses y no de cooperación. Un ejemplo obvio son aquellas especies de colibríes que se roban el néctar de las flores (Ornelas 1994, Navarro 1999, Lara & Ornelas 2001). Este conflicto de intereses dicta cómo la selección natural actuará en caminos divergentes para las plantas, por un lado y para aquellos animales que las plantas están selectivamente recompensando, por otro (Kearns *et al.* 1998). Los polinizadores y dispersores de semillas también se convierten en agentes de selección y de su eficiencia dependerá la expresión sexual de cada una de las plantas en una población. Por lo tanto, el resultado evolutivo de la interacción dependerá de la eficiencia que expresan en la explotación de lo que cada contraparte considere como recurso valioso o crítico.

Sin embargo, el resultado evolutivo de la interacción no sólo depende de la eficiencia de los componentes, sino además del oportunismo y flexibilidad que se observa en este tipo de interacciones. Esto es importante sobre todo porque se sabe que la distribución de los recursos, en este caso néctar y frutos, no sólo es resultado de la interacción sino de otros factores bióticos y abióticos que determinan la distribución espacial de las plantas. Los polinizadores y dispersores de semillas deben por tanto buscar y seguir los cambios en la abundancia y distribución temporal y espacial de los recursos (Ornelas & Arizmendi 1995). Esta situación hace que las aves nectarívoras y frugívoras sean más sensibles a cambios en el paisaje de lo que sería, por ejemplo, un chipe (*Parulidae*). Se ha postulado que los sistemas de polinización y dispersión de semillas pueden ser alterados después de la fragmentación (Paton 2000), pero poca información existe para los neotrópicos.

Aunque la información existente para el caso de los polinizadores y dispersores de semillas es mucho mayor, los consumidores de flores y semillas parecen también seguir la abundancia y distribución espacial de los recursos (Ornelas & Arizmendi 1995, Gordon & Ornelas 2000, Renton 2001). La florivoría y la granivoría, relativamente poco conocidas entre las aves neotropicales (Poulin *et al.* 1994), demandan también de una gran movilidad y flexibilidad temporal en la dieta por parte de las aves. Varios grupos de aves incluyendo crácidos, psitácidos, colúmbidos y emberízidos consumen importantes cantidades de flores y semillas, pero el efecto que tienen sobre la adecuación de las plantas no se ha investigado, ni mucho menos los efectos sobre los visitantes legítimos de la interacción ni sobre la interacción en su totalidad. En todo caso, estos consumidores tienen que moverse a varias escalas espaciales para explotar recursos efímeros y variables. Renton (2001) ha documentado tales características para *Amazona finschi (Psittacidae)*. Estos pericos, que consumen semillas predispersión, son tal vez los consumidores de semillas más importantes de los árboles del dosel en la selva baja caducifolia del occidente de México; pueden disminuir drásticamente la producción de semillas por (1) el patrón de agregación de los árboles, (2) el forrajeo típicamente en grupos grandes y (3) los movimientos a grandes distancias que realizan diariamente en busca de recursos (Renton 2001). Por esto, los devoradores de semillas pueden jugar un papel fundamental en la dinámica y mantenimiento de la diversidad de los bosques neotropicales.

INTERACCIONES ECOLÓGICAS ENTRE PLANTAS Y AVES

Las interacciones bióticas implican interconexiones a nivel de comunidades (Jordano 1987). La extinción local de una especie acarrea consecuencias que no son fácilmente previsibles debido a que en la mayoría de los casos falta un conocimiento detallado de la historia natural. Cada especie en una lista de biodiversidad añade en promedio dos interacciones en sistemas de polinización y tres en sistemas de dispersión de semillas, exceptuando especies exóticas (Jordano 1987). Estas cifras están subestimadas por incluir sólo especies mutualistas, ignorando la contribución de los antagonistas (por ejemplo, robadores de néctar, florívoros, consumidores de semillas). Por ello, es importante cuidar la "permanencia" de las interacciones en el tiempo, ya que la extinción de especies lleva consigo "efectos dominó," mismos que aceleran la pérdida de especies adicionales. Estos efectos negativos deben sumarse y son superiores a los que cabría esperar sólo como consecuencia de la fragmentación. La perspectiva de que al perder una especie de planta se pierde una especie de animal vía extinción ligada y viceversa, debe abandonarse por simplista.

Una propuesta de integración reconoce que la naturaleza ecológica de las interacciones planta-ave radica en la riqueza de interconexiones que varían en tiempo y espacio, dependiendo del contexto ambiental. Para ilustrar esto, describimos a continuación las interconexiones que se dan en una interacción planta-ave objeto de nuestro interés de investigación, misma que sugiere a los biólogos de la conservación dirigir su atención a las sutilezas y complejidad que ofrecen estos sistemas.

INTERCONEXIONES EN UN SISTEMA PLANTA-POLINIZADORES

La heterostilia es un polimorfismo floral caracterizado por la posición recíproca de los estigmas y las anteras en flores de plantas diferentes. Existen dos tipos de heterostilia dependiendo de si hay dos (distilia) o tres (tristilia) morfos florales en la población (Barrett *et al.* 2000). En plantas distílicas, uno de los morfos presenta el estigma arriba de la posición de las anteras ("pin") y el morfo opuesto presenta las anteras por encima de la posición del estigma ("thrum"). Las plantas con este dimorfismo floral son típicamente polinizadas por animales (Darwin 1877, Barrett 1992). Aunque los morfos florales están supuestamente diseñados para la transferencia recíproca de granos de polen (entrecruzamiento entre morfos con arquitectura floral recíproca), la eficacia de dicho mecanismo a menudo depende de la efectividad de los polinizadores (Beach & Bawa 1980). Si los polinizadores transfieren los granos de polen de manera asimétrica, el éxito reproductivo entre morfos florales puede ser diferencial (Contreras & Ornelas 1999) y ello puede promover especialización de género (función macho o hembra) de los morfos florales (Beach & Bawa 1980, Ornelas *et al.* sometido).

Desde 1996 se estudia una población de *Palicourea padifolia (Rubiaceae)* cerca de la ciudad de Xalapa, Veracruz, México. Esta planta es abundante en áreas perturbadas del bosque mesófilo de montaña y se distribuye desde el sur de México hasta Panamá. Sus inflorescencias ofrecen flores tubulares de color amarillo que duran un solo día. Esta planta típicamente florece desde marzo hasta agosto (Contreras & Ornelas 1999). La población es morfológicamente distílica pero presenta una serie de asimetrías entre morfos no necesariamente esperada en este tipo de polimorfismos. De hecho, la altura de los estigmas y anteras no es recíproca y el tamaño de las corolas y la superficie del estigma son más grandes en las thrum que en las pins (polimorfismo en tamaño). Otros polimorfismos estigmáticos observados incluyen la forma y tamaño de las papilas estigmáticas (Ornelas *et al.* sometido). Además, las anteras de las flores pin desarrollan más granos de polen, los cuales son más pequeños que las de las thrum (heteromorfismo de polen) (Contreras & Ornelas 1999). En plantas distílicas, estas asimetrías parecen desempeñar un papel funcional como mecanismos de autoincompatibilidad y determinan entre otros factores la eficacia de los polinizadores en la transferencia de los granos de polen (Hermann *et al.* 1999). Once especies de colibríes, abejas solitarias y mariposas visitan las flores de *P. padifolia* en nuestra zona de estudio. Se piensa que los colibríes no territoriales y de picos cortos son los polinizadores más efectivos (Contreras & Ornelas 1999). Los botones y flores son consumidos vorázmente por *Chlorospingus ophthalmicus (Thraupidae)* y *Saltator atriceps (Cardinalidae)*. La producción de flores, el promedio de néctar producido y el porcentaje de flores dañadas por robadores de néctar es igual entre morfos (Contreras & Ornelas 1999), pero el parasitismo floral por dípteros que ovipositan en las flores es más alto entre las flores más grandes de las thrums. Los frutos son drupas jugosas, más grandes entre las pins, y producen dos semillas, mismas que son más grandes entre las thrums (Contreras & Ornelas 1999, Ornelas *et al.* sometido). Los frutos maduran de junio a diciembre. En otros sitios de estudio, los frutos son consumidos y posiblemente dispersados por *Chlorospingus ophthalmicus,* pero poco se sabe sobre frugivoría y dispersión de semillas en esta planta (Ornelas *et al.* sometido) (Fig. 1).

A la fecha se ha documentado la existencia de rasgos florales comúnmente asociados a plantas heterostílicas y con experimentos de polinización se ha demostrado incompatibilidad entre morfos (Contreras & Ornelas 1999). Es posible que estas asimetrías en rasgos florales modifiquen diferencialmente las decisiones de los visitantes mutualistas y antagonistas, dependiendo de los recursos que anden buscando.

Para investigar dicha posibilidad, se ha monitoreado por tres años el desempeño de cada morfo floral a lo largo de varios estados de su ciclo reproductivo (8 meses), desde el desarrollo y producción de inflorescencias/infrutescencias hasta la sobrevivencia de las semillas. La hipótesis de trabajo es que los recursos ofrecidos por *P. padifolia* (hojas, flores y frutos) a visitantes mutualistas (polinizadores y dispersores de semillas) y antagonistas (herbívoros) deben ser iguales a fin de lograr que el éxito reproductivo de los morfos florales sea simétrico. Los costos asociados a dicha atracción fueron evaluados en términos de ataque por herbívoros y el éxito reproductivo, medido como tamaño y número de frutos producidos (función hembra), como una función de la herbivoría. Las asimetrías de tamaño entre morfos, en frutos y semillas, fueron evaluados en términos de germinación y sobrevivencia de plántulas.

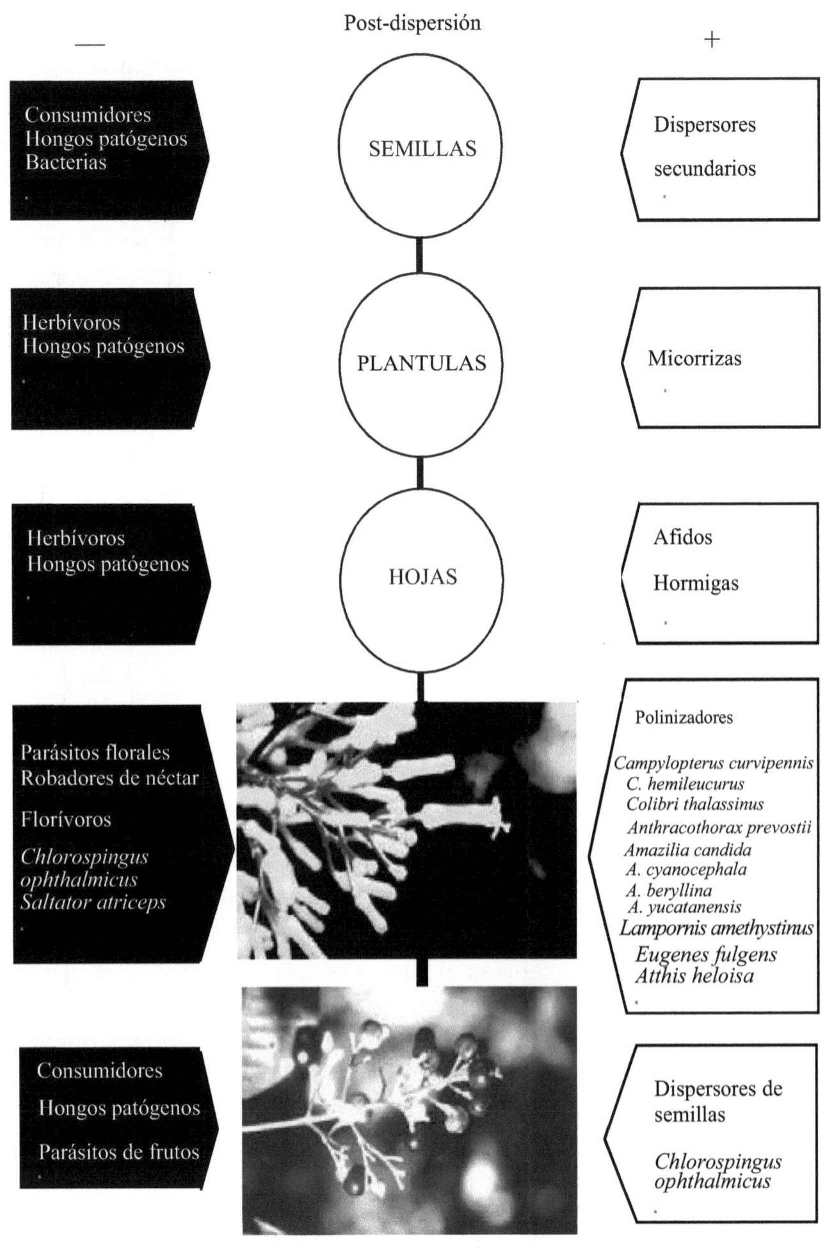

Post-dispersión
−
+
Consumidores
Hongos patógenos
Bacterias
SEMILLAS
Dispersores
secundarios
Herbívoros
Hongos patógenos
PLANTULAS
Micorrizas
Herbívoros
Hongos patógenos
HOJAS
Afidos
Hormigas
Parásitos florales
Robadores de néctar
Florívoros
Chlorospingus
ophthalmicus
Saltator atriceps
Polinizadores
Campylopterus curvipennis
C. hemileucurus
Colibri thalassinus
Anthracothorax prevostii
Amazilia candida
A. cyanocephala
A. beryllina
A. yucatanensis
Lampornis amethystinus
Eugenes fulgens
Atthis heloisa
Consumidores
Hongos patógenos
Parásitos de frutos
Dispersores de
semillas
Chlorospingus
ophthalmicus
Dispersión

Figura 1. Diagrama que ilustra la complejidad de las interconexiones entre *Palicourea padifolia (Rubiaceae)* y las aves a lo largo de un año y en sólo un punto de su distribución geográfica. Esta planta establece relaciones mutualistas (+) con once especies de colibríes *(Trochilidae)* y al menos una especie frugívora -que presumiblemente dispersa sus semillas. Los resultados de cada una de estas interacciones no se conocen aún, ni en el tiempo ni en el espacio. Sin embargo, imagine el número posible de interacciones planta-colibrí, colibrí-planta, colibrí-colibrí y las interconexiones que se pueden dar a lo largo de los cuatro meses en que las plantas ofrecen néctar en sus flores a estos visitantes. La planta también establece relaciones antagonistas (−) con dos especies de aves que depredan sus flores. Aunque estas aves consumen un gran número de flores por visita, no se sabe cuál es su impacto sobre la adecuación de la planta. El modo de consumo de estas flores por las dos especies de aves es diferente, una de ellas ingiere la flor completamente *(Saltator atriceps)* mientras que la otra la arranca, la "chupetea" y luego la tira *(Chlorospingus ophthalmicus)*. Esto nos ha permitido suponer que estas aves pertenecen a distintos compartimentos (florívoros y nectarívoros, respectivamente).

Encontramos que la conducta fenológica de floración (número de flores abiertas) y la presentación del néctar como recompensa en el tiempo favorece a las pins. En contraste, el desempeño fenológico de la fructificación (número de frutos desarrollados) es el doble en las thrums (Ornelas et al. sometido). Ambos morfos son atacados por herbívoros; sin embargo, en un experimento de cafetería los herbívoros consumieron más a las pins, mismas que tienen más alcaloides. Aunque no sabemos qué significa esta relación, pensamos que los herbívoros son estimulados por la presencia de alcaloides. También se ha documentado que los colibríes más comunes forrajean de acuerdo a la presentación de las recompensas en el tiempo; sin embargo, la presentación del néctar es asimétrica durante el día provocando que el flujo de polen sea mayor de las pins a las thrums. Por último, el tiempo de germinación y la sobrevivencia de plántulas favoreció a las thrums bajo condiciones de mayor competencia. Las asimetrías observadas entre morfos florales de P. padifolia representan desviaciones de una heterostilia perfecta y sugieren la existencia de presiones selectivas para la evolución de especialización de género (Ornelas et al. sometido).

Nuestro conocimiento del sistema se restringe a una sola población. La composición y función de los ensamblajes de polinizadores y dispersores de semillas y la identidad de los antagonistas y la magnitud de sus efectos pueden variar en el tiempo y en el espacio. Sabemos que en esta población los patrones descritos se mantienen en los años que la se ha estudiado. Sin embargo, es posible que el estado evolutivo de la heterostilia sea diferente entre poblaciones de esta planta, ya que la composición de los ensamblajes de nectarívoros y frugívoros es diferente en otra población estudiada de Costa Rica (Ree 1997). Nuestro sistema de trabajo al menos ilustra la complejidad de interconexiones que se pueden dar en interacciones planta-ave (Fig. 1); sin embargo, estamos muy lejos de entender cómo las perturbaciones naturales y antropogénicas modifican las dinámicas ecológicas y evolutivas aquí descritas.

La complejidad de interconexiones existentes en el mutualismo *P. padifolia*-colibríes-frugívoros se puede abordar como un problema de compartimentalización. Este término se ha propuesto para abordar el flujo de energía en cadenas alimenticias (Fonseca & Ganade 1996), pero es posible adaptarlo a sistemas mutualistas de polinización (Jordano 1987, Herrera 1990, Corbet 2000). De acuerdo con ello, las interacciones que ocurren en algunos sistemas podrían verse como compartimentos de acuerdo al papel que juegan cada una de las once especies de colibríes que visitan esta planta. Éstos podrían formarse en función de la morfología del pico de los colibríes, en donde especies con picos cortos (por ejemplo, *Atthis heloisa*) y especies con picos largos (por ejemplo, *Campylopterus curvipennis)*, remueven y depositan cantidades diferentes de polen o lo transfieren asimétricamente de uno de los morfos florales al otro por sus diferencias en tácticas de forrajeo. Estos compartimentos podrían a su vez ser subdivididos en términos energéticos; es decir, los colibríes colectan volúmenes diferentes de la recompensa de acuerdo con sus necesidades y restricciones, puesto que conforme aumenta el tamaño del colibrí aumentan también sus demandas energéticas. Aunque el grado de dependencia de los colibríes sobre especies particulares de plantas es generalmente bajo, algunas especies de plantas pueden ser fundamentales para su sobrevivencia (especies clave). Es probable que la presencia de *P. padifolia* explique parte de la diversidad local de nectarívoros y frugívoros.

En cafetales donde el sotobosque es reemplazado en su totalidad por cafetos, las interacciones descritas aquí desaparecen. Aunque es posible que aparezcan nuevas interacciones en este tipo de cafetales, esta observación pudiera retar el discurso reduccionista de algunos conservacionistas que señalan que la diversidad de aves se mantiene o es más alta en algunos casos, en cafetales manejados de manera amigable (donde árboles nativos se mantienen o se plantan como sombra para el café). Proponemos que hay que dedicar más atención a aquellas especies de plantas de las que dependen muchas especies mutualistas (nectarívoros y frugívoros) y antagonistas (robadores de néctar), en particular el mantenimiento y conservación de ciertos compartimentos vulnerables.

EFECTO DE LOS ANTAGONISTAS SOBRE LAS INTERACCIONES

El mutualismo planta-polinizador es "explotado" por especies que toman las recompensas ofrecidas a los polinizadores sin proveer beneficio alguno a los miembros del mutualismo (Bronstein 2001). El néctar floral es la recompensa floral más comúnmente ofrecida a los polinizadores por angiospermas polinizadas por aves; sin embargo, este recurso es atractivo a otros visitantes florales que roban la recompensa sin transferir polen entre flores (Maloof & Inouye 2000, Lara & Ornelas 2001b). Los robadores típicamente incluyen ácaros florales, abejas, abejorros, hormigas, aves del órden Passeriformes e incluso colibríes y murciélagos (por ejemplo, Ornelas 1994, Navarro 1999, Lara & Ornelas 2001b).

Se sabe para algunos casos que los robadores de néctar tienen un efecto negativo sobre la adecuación de las plantas y pueden modificar los patrones de forrajeo de los polinizadores. Sin embargo, en algunos casos se ha documentado que el efecto es positivo o neutral (Maloof & Inouye 2000). Aunque es difícil hacer una generalización debido a que estas conductas se pueden presentar de manera facultativa (Lara & Ornelas 2001b), se ha observado que las plantas polinizadas por colibríes son más sensibles al ataque de los robadores de néctar en zonas abiertas que en el interior del bosque (Traveset et al. 1998). Asimismo, las plantas más expuestas a los robadores de néctar son menos visitadas por los polinizadores legítimos y producen menos semillas que aquellas que crecen en el interior del bosque (Traveset et al. 1998). Debido a que los colibríes y otras aves nectarívoras responden ante los cambios en la distribución temporal y espacial de los recursos florales, las modificaciones en la distribución de estos recursos, ya sean naturales o antrópicas, pueden alterar los resultados de las interacciones planta-ave, mutualistas y/o antagonistas, en una comunidad.

EFECTO DE LAS PERTURBACIONES SOBRE LAS INTERACCIONES

Hasta aquí se ha discutido cómo las perturbaciones pueden afectar a las plantas y cómo esos cambios podrían modificar las conductas de sus visitantes y los resultados de la interacción. Sin embargo, las aves pueden a su vez afectar los patrones de distribución espacial de las plantas, particularmente aquellas plantas que dependen de vectores para dispersar sus propágulos en los sitios correctos y que por alguna razón son más sensibles a los cambios en las condiciones microambientales.

Los muérdagos *(Loranthaceae)* son parásitos que para dispersar sus semillas requieren de cierta precisión por parte del vector, ya que es necesario que éstas sean depositadas en la rama y hospedero correctos. Se sabe además que los muérdagos son indicadores sensibles de las condiciones ambientales (agua y minerales) debido a su dependencia del hospedero y de las aves como vectores. Estas características hacen del sistema hospedero-vector-parásito un excelente modelo para abordar preguntas sobre distribución espacial, en donde los factores de perturbación podrían ser evaluados a nivel metapoblacional y con un enfoque experimental.

EL MOSAICO GEOGRÁFICO EN LAS INTERACCIONES

Thompson (1994) propuso que las interacciones mutualistas como las que establecen plantas y aves están estructuradas geográficamente. La propuesta de Thompson está basada en documentación empírica que sugiere que los resultados de la interacción para una población están condicionados en tiempo y espacio (Bronstein 1994a, 1994b, 2001). El resultado de una interacción mutualista a lo largo de un gradiente geográfico es consecuencia de las diferencias en las condiciones ambientales a lo largo del gradiente, la estructura genética y demográfica de cada una de las poblaciones interactuantes y el contexto de la comunidad biológica en donde ocurre dicha interacción. Como resultado de esta variación entre poblaciones, es posible que alguna de ellas coevolucione con sus interactuantes en una dirección y bajo ciertas presiones de selección, que otra lo haga en dirección opuesta o que en alguna localidad simplemente no exista uno de los interactuantes. Asimismo, el grado de especialización de una población con sus interactuantes puede ser muy intenso y estrecho, mientras que en otras poblaciones la interacción sea más difusa y con baja probabilidad de especialización. Esta variación interpoblacional en las condiciones y los resultados de la interacción y el grado de especialización que se pueda dar, crea un mosaico geográfico de posibilidades en interacciones planta-ave. Dependiendo del grado de especialización y de las trayectorias y dinámicas evolutivas de cada una de las poblaciones que conforman un mosaico geográfico, surgen temporalmente sitios con un gran potencial para generar diversidad ("hot spots") en todos los sentidos (Fig. 2).

Es obvio pensar que para mantener dicha estructura dinámica se requiere no sólo de un gran conocimiento de la interacción, desde su historia natural hasta su potencial evolutivo. Representa un gran reto de conservación y manejo de poblaciones a distintas escalas.

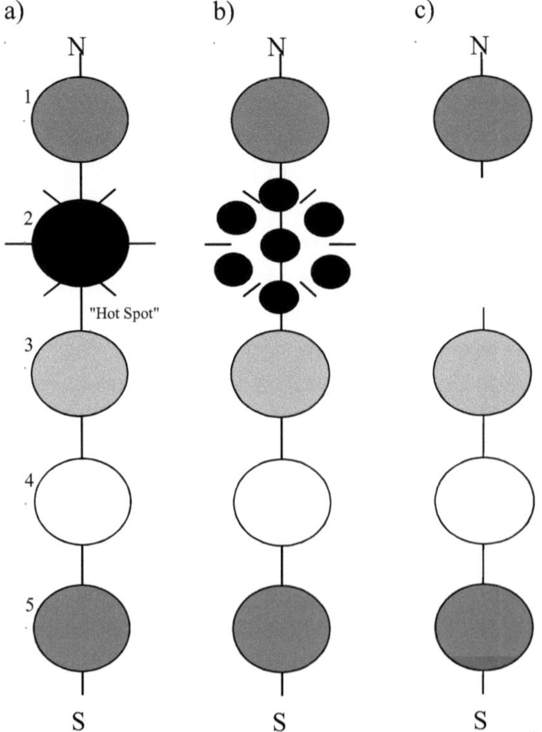

Figura 2. Posibles escenarios como consecuencias de la fragmentación en un mosaico geográfico de interacciones planta-ave. Imagine que una interacción planta-ave está estructurada geográficamente de norte a sur(a). El grado de dependencia entre la planta y las aves está influida por adaptaciones locales de los interactuantes, el grado de especialización gradiente de menor a mayor representado de blanco a negro) varía entre regiones (de la 1 a la 5). Sin embargo, hay flujo genético entre ellas (línea que conecta todas las regiones). El grado de dependencia y especialización es mayor en la región 2, sitio conocido en la literatura como "hotspot" por contener un gran potencial evolutivo y ser un generador de diversidad. Si se fragmenta dicha región geográfica (b), los elementos en el mosaico geográfico pueden tomar varias direcciones, desde la interrupción del flujo genético entre los componentes. Este modelo gráfico demuestra la importancia de considerar la escala geográfica en La conservación de las interacciones planta-ave.

CONSERVACIÓN DE INTERACCIONES PLANTA-AVE

El interés por la relación entre la ecología de las interacciones planta-ave y la conservación ha sido en todo caso mínimo (Janzen 1974, Kevan 1975, Howe 1984, McClanahan 1986, Feinsinger 1987). La fragmentación de hábitat naturales y la extensión de ambientes modificados debe afectar profundamente casi todos los aspectos de las interacciones planta-ave (Feinsinger 1987). Se ha sugerido que la fragmentación puede afectar (1) la estructura y dinámica de las poblaciones interactuantes (Aizen & Feinsinger 1994a, 1994b) y (2) eventualmente la microevolución de dichas poblaciones (p. ej., su estructura genética). Si esto es cierto, la fragmentación podría estar actuando a nivel de comunidad como fuerza selectiva para las plantas, ya que el reclutamiento de nuevos individuos puede cambiar al afectarse las dinámicas de sus sistemas reproductivos y la relación con sus polinizadores y dispersores de semillas. Esto es particularmente importante cuando se piensa a nivel metapoblacional, en donde las dinámicas entre poblaciones dependen de cómo los interactuantes se mueven en el espacio. Se ha sugerido que los polinizadores son sensibles a estos cambios en el paisaje (Bronstein 1995) y ello como consecuencia crea cambios en los movimientos de los granos de polen a través del espacio, mismos que repercuten en los niveles de entrecruzamiento y éxito reproductivo de las plantas. Se ha postulado que la extinción de un mutualista casi siempre se debe a cambios drásticos provocados en su ambiente y a la reducción en el número de individuos del otro componente del mutualismo (Norton 1991). Sin embargo, no existe información de cómo ocurre el proceso y cómo las aves reaccionan antes de la extinción a los cambios que las plantas sufren a partir de la fragmentación. Por ejemplo, sería interesante investigar si la calidad de las recompensas que las plantas ofrecen a sus polinizadores se modifica ante cambios en el paisaje y cómo estos cambios alteran los patrones de forrajeo de las aves y su adecuación.

MANEJO DE PAISAJES FRAGMENTADOS

En paisajes fuertemente fragmentados (por ejemplo, sólo quedan árboles aislados), se ha demostrado que las aves frugívoras tolerantes a presiones fuertes de fragmentación juegan un papel fundamental en la conexión con los bosques remanentes vía movimiento de semillas (Guevara et al. 1986, McClanahan 1993, Nepstad et al. 1996). Ello promueve y mantiene la diversidad de plantas dentro y entre las áreas fragmentadas y facilita la recuperación de la estructura de la vegetación y composición de especies (Guevara et al. 1998, Medellín & Gaona 1999, Galindo-González *et al.* 2000). Las aves frugívoras pueden llegar a tener radios de forrajeo hasta de 25 km, proveyendo acceso de gametos entre plantas en un territorio de forrajeo de 200-2000 km^2 (Roubik 2000). Por lo tanto, pueden jugar un papel preponderante en la recuperación de paisajes severamente fragmentados al promover la conexión de los elementos del paisaje, fragmentos de bosque, núcleos de regeneración, vegetación riparia, árboles aislados y áreas destinadas al pastoreo (Galindo-González *et al.* 2000). De esta manera, los componentes de un paisaje pueden permanecer conectados por plantas en ciertos compartimentos de polinización (Corbet 2000), pero eventualmente el sistema se puede colapsar si el flujo genético es interrumpido.

Sin duda, el éxito de cualquier proyecto de manejo y restauración de paisajes a distintas escalas debe contemplar las interacciones bióticas. Actualmente, los programas de reforestación para la restauración del paisaje son considerados como la panacea para el daño ambiental provocado por nosotros; sin embargo, no existen experiencias positivas que sepamos sobre la consideración explícita de las interacciones en dichos programas. Es necesario plantear esquemas más sofisticados y creativos de reforestación que permitan restaurar las interacciones planta-polinizador y/o planta-dispersor de semillas (Paton 2000) e incluso la posibilidad de promover nuevas interacciones.

LAS INTERACCIONES COLIBRÍ-PLANTA

Las relaciones colibrí-planta han sido vistas tradicionalmente como un modelo de mutualismo, donde plantas con flores, generalmente tubulares y de color rojo, producen mucho néctar que les permite manipular a visitantes energéticamente demandantes como los colibríes *(Trochilidae)*, importantes en el mantenimiento del flujo de polen, promoción del entrecruzamiento y variabilidad genética entre las poblaciones de plantas que visitan (Feinsinger 1987, Wilding et al. 1989). La aparición de rasgos atractivos en las plantas de colibríes las hace susceptibles a visitantes antagonistas como las abejas, hormigas, aves *Passeriformes* e incluso colibríes (Arizmendi et al. 1996, Colwell et al. 1974, Inouye 1983, Irwin & Brody 1999, Lara & Ornelas 2001, Naskrecki & Colwell 1998, Ornelas 1994, Paciorek et al. 1995), que colectan las recompensas sin ofrecer servicios de polinización. La llegada de visitantes no deseados que roban néctar no es el único riesgo que surge en este mutualismo. Los colibríes pueden actuar como vectores de ácaros florales (Colwell 1973, Lara & Ornelas 2001) y hongos patógenos (Lara & Ornelas 2001) que afectan directa y/o indirectamente tanto a colibríes como a sus plantas hospederas. La transmisión de estos organismos puede provocar enfermedades sexualmente transmitidas (Jennersten 1983, Roy 1993, Roy 1994), consumo de polen (Paciorek et al. 1995), disminución del volumen de néctar (Colwell 1995, Lara & Ornelas 2001) y cambios en la proporción de sexos entre flores de plantas protándricas (Lara & Ornelas 2001). Por consiguiente, la armonía del mutualisto colibríes-plantas puede ser modificada por el efecto de estos antagonistas.

La presencia de ácaros en plantas polinizadas por colibríes ha sido bien documentada (Colwell 1979, Dobkin 1987, Heyneman et al. 1991, Naeem et al. 1985). Pero el efecto entre los interactuantes ha sido aún poco explorado (Colwell 1995, Lara & Ornelas 2001). Los ácaros florales (*Acari: Mesostigmata: Ascidae*) se alimentan de polen y néctar de una gran variedad de especies de plantas polinizadas exclusivamente por colibríes (Colwell 1995, Lara & Ornelas 2001, Paciorek et al. 1995). Para dispersarse a nuevas flores, los ácaros suben al pico de un colibrí visitante y viajan en los nostrilos hasta que se realice una nueva visita en otra inflorescencia de la especie hospedera apropiada (Colwell 1985, Dobkin 1990) (Fig. 1). La relación entre los ácaros florales y sus colibríes hospederos ha sido típicamente definida como forética (Colwell 1973, Dobkin

1990, Lara & Ornelas 2001); sin embargo, se ha sugerido que el transporte mismo puede representar un costo energético para los colibríes (Colwell 1995) y no se sabe si los ácaros producen algún daño dentro de los nostrilos (Lara & Ornelas 2001). El consumo de néctar por ácaros puede reducir su disponibilidad para los colibríes (Colwell et al. 1974, Kearns et al. 1998), afectando indirectamente el éxito reproductivo de la planta hospedera (Lara & Ornelas 2001, Paciorek *et al.* 1995). El volumen de néctar en flores de *Moussonia deppeana (Gesneriaceae)*, una planta protándrica polinizada por el colibrí *Lampornis amethystinus*, disminuye hasta un 50% en presencia de ácaros florales *(Tropicoseius sp. nov.)* sin afectar la producción de semillas (Lara & Ornelas 2001). Sin embargo, el consumo de néctar por ácaros puede influenciar los patrones de forrajeo de los colibríes visitantes y esto puede afectar indirectamente la transmisión de polen (Lara & Ornelas 2001). El efecto negativo de los ácaros florales sobre el volumen de néctar parece ser un fenómeno generalizado entre plantas polinizadas por colibríes cuyas flores duran varios días y producen volúmenes grandes de néctar (Lara & Ornelas 2001).

Ciertos hongos patógenos de plantas como royas, tizones y hongos endófitos pueden usar a los polinizadores de las plantas para dispersar sus esporas (Batra 1987, Bultmant & White 1988, Jennersten 1983, Lara & Ornelas 2001, Pfunder & Roy 2000, Roy 1993, Wilding et al. 1989). Estos hongos han invadido estructuras y procesos utilizados por las plantas para atraer polinizadores, mediante estrategias tales como el mimetismo floral ("pseudoflores") y el secuestro de las estructuras reproductivas de las plantas. Esta interacción afecta potencialmente la ecología de la polinización, la historia de rasgos de vida de las plantas, la evolución floral, así como la dinámica de transmisión y evolución de los patógenos (Roy 1994).

Las infecciones por hongos patógenos, como los que atacan anteras, han sido estudiadas generalmente en plantas polinizadas por insectos. Es interesante explorar si los hongos que atacan anteras de flores visitadas por colibríes los usan para su dispersión y/o alteran a su hospedero en una manera que beneficie al hongo. El hongo patógeno *Fusarium moniliforme* Sheld. *(Deuteromycota)* puede infectar sistemáticamente flores en la fase masculina (estaminada) de *M. deppeana*, reemplazando el polen por microconidios y ascosporas, que son dispersadas a otras flores por colibríes, propagando así la infección (Lara & Ornelas 2001). Esto sugiere que los efectos de *F. moniliforme* sobre la interacción son negativos (reducción en el éxito reproductivo de sus plantas hospederas), ya que las flores en fase masculina son virtualmente esterilizadas.

El conocimiento generado hasta la fecha muestra que la polinización por animales es esencial para la reproducción sexual de la mayoría de las plantas superiores. La acelerada alteración de hábitat por actividad humana, junto con la acelerada invasión de especies exóticas y la expectativa de un cambio climático global, que amenazan a plantas y polinizadores tanto fenológica como ecológicamente, han llevado en los últimos años a la concepción de una conservación de las interacciones planta-polinizador (Kearns *et al.* 1998). Los resultados aquí mostrados sugieren que el conocimiento sobre organismos antagonistas que exploten tales relaciones, deben ser considerados en los planes de conservación.

INTERACCIONES AL NIVEL DEL PAISAJE

El mantenimiento de los procesos que ocurren a nivel de paisaje y que varían en tiempo y espacio son aspectos esenciales para la conservación de la biodiversidad a largo plazo (Harris *et al.* 1996). Sin embargo, en la actualidad las perturbaciones antropogénicas, como la tala inmoderada y los cambios en el uso del suelo, afectan a las interacciones, muchas de ellas críticas, como las que se llevan a cabo entre las plantas y sus aves polinizadoras o dispersoras (Howe & Smallwood 1982, Kearns *et al.* 1998). La fragmentación de los bosques y el incremento de las zonas de borde han sido sugeridos como los factores principales en el aumento de las poblaciones de plantas parásitas y epífitas en áreas perturbadas (Norton et al. 1995, Williams-Linera 1992). Estas plantas se dispersan ya sea en forma pasiva por aire o directa mediante vectores, que en su mayoría son aves que depositan las semillas en sitios adecuados para su germinación y establecimiento (Davidar 1983, Sargent 1995, Wheelwright *et al.* 1984). Cuando la dispersión es mediada por las aves, como es el caso de las plantas parásitas, la búsqueda de los árboles hospederos y la probabilidad que los individuos sanos se infecten depende más de la abundancia de individuos parasitados en la población que de la densidad absoluta de los árboles hospederos (Antonovics *et al.* 1993, Martínez del Río *et al.* 1996). Este modo de transmisión llamado "dependiente de la frecuencia" puede llevar a dinámicas poblacionales muy inestables y fácilmente modificables por las perturbaciones (Martínez del Rio *et al.* 1996), lo cual puede afectar no sólo las interacciones de las plantas parásitas con las aves que las polinizan o las dispersan, pero también las interacciones con especies que las depredan (Norton & Reid 1997).

Muchos procesos ecológicos y evolutivos en los ecosistemas derivan de la interacción planta-parásito por la importancia de los hospederos como productores primarios (Gilbert & Hubbell 1996). En ecosistemas sanos, por lo general las infecciones producidas por parásitos persistentes como los muérdagos suelen afectar un número bajo de individuos y desempeñar un papel clave en la dinámica de la comunidad. En los ecosistemas perturbados las infecciones pueden transformarse en epidémicas y afectar gran número de individuos, provocando cambios permanentes a la comunidad boscosa (Gilbert & Hubbell 1996).

Los muérdagos *(Loranthaceae)* son plantas hemiparásitas con flores que obtienen agua y recursos minerales de las plantas perennes que los hospedan (Burger & Kuijt 1983, Kuijt 1969). Sus frutos constituyen recursos nutricionales importantes para las aves que los dispersan y numerosas asociaciones han sido documentadas entre la abundancia de sus frutos y la abundancia de las aves frugívoras (Reid *et al.* 1995, Restrepo 1987).

Para el caso del muérdago *Psittacanthus schiedeanus*, se ha observado que la máxima producción de frutos, de alto contenido en lípidos, se producía durante el período invernal cuando se presenta mayor escasez de otros recursos, para atraer la mayor cantidad posible de aves dispersoras (López de Buen & Ornelas 2001). En la zona centro de Veracruz, México, las principales especies de aves dispersoras (se ha observado 16 especies de aves consumiendo sus frutos) son los Capulineros grises o floricanos *(Ptilogonys cinereus)*, los Chinitos *(Bombycilla cedrorum)* y los Luises gregarios *(Myiozetetes similis)*, que influyen en la abundancia y distribución del muérdago durante sus actividades de forrajeo (López de Buen & Ornelas 1999). Se piensa que estas aves pueden reconocer los árboles hospederos más infestados para buscar frutos con que alimentarse. De hecho, cuando llegan a un grupo de árboles, primero visitan los individuos que tienen más plantas de muérdago y de allí vuelan hacia los árboles cercanos, parasitados o no, para descansar o consumir los frutos previamente colectados. Así, estas aves dispersan las semillas enteras, viables y separadas del resto del fruto, durante su defecación o su regurgitación en las ramas altas de los árboles hospederos (López de Buen & Ornelas 1999).

En el estudio realizado con *P. schiedeanus*, se observó que sólo el 35% de los frutos fueron removidos, mientras que el resto de ellos permaneció en las plantas de origen, donde se secaron o cayeron al suelo y fueron atacados por hongos o consumidos por especies no dispersoras (López de Buen & Ornelas 2001). A pesar de que las aves ayudan a remover las semillas de las plantas del muérdago hacia sus nuevos árboles hospederos, sólo una pequeña fracción de estas semillas logrará germinar y establecerse como plantas sexualmente adultas (López de Buen & Ornelas 2001) para posteriormente producir los frutos con semillas "infectantes".

Los procesos de fragmentación de las zonas boscosas son frecuentemente tan rápidos que las comunidades de plantas y animales que los habitan no suelen tener el tiempo suficiente para adaptarse a estos cambios disruptivos (Rodhes & Odum 1996). En los muérdagos, como en muchas otras plantas heliófitas y oportunistas en explotar ambientes perturbados con gran intensidad de luz, el aumento en la extensión de las áreas de borde puede promover el aumento de las poblaciones y las tasas de infestación (López de Buen & Ornelas 2001, López de Buen *et al.* 2001, Martínez del Río *et al.* 1996), siempre y cuando el grado de fragmentación y perturbación del ambiente no sea muy severo. Por el contrario, en los casos de perturbación extrema se puede promover la disminución de las poblaciones al desaparecer sus posibles interacciones con las aves que los polinizan o que dispersan sus frutos (Norton & Reid 1997).

CAMBIO CLIMÁTICO E INTERACCIONES PLANTA-AVE

En la última década, el cambio climático (CC) ha ocupado creciente espacio en la literatura científica. Aquí nos preocupa cuánto y cómo podrá afectar el CC a las interacciones planta-ave y cómo ese posible efecto puede influir en la conservación de las aves.

Los principales cambios de este proceso son el aumento de 0.3-0.6 °C en la temperatura media anual en los últimos 100 años y el aumento en la concentración de carbono atmosférico, creando distintos escenarios de calentamiento global (IPCC 1996, McCarty 2001). Los cambios en las décadas recientes son aparentes a todos los niveles de organización ecológica: cambios poblacionales, de historia de vida y de distribución de los organismos, cambios en la composición de especies y cambios en la estructura y funcionamiento de los ecosistemas (McCarty 2001). Las posibles implicaciones futuras para la conservación de especies y comunidades han sido abordadas en varios trabajos (IPCC 1996, Sala *et al.* 2000, McCarty 2001).

Para las plantas, los principales efectos del CC incluyen, entre muchos otros, aumento de la productividad primaria, cambios en la tasa fotosintética (diferenciales para especies C3, C4 y CAM), sesgos en los límites de distribución de las especies, cambios en la germinación y reclutamiento, y cambios en la estructura y dinámica de las comunidades (Melillo *et al.* 1990, Prentice 1992, IPCC 1996, Ceulemans *et al.* 1999, Bradley *et al.* 1999, Ni *et al.* 2000, Loisseau & Soussana 2000, NRC 1999, McCarty 2001). Para las aves, los principales cambios detectados son sesgos en la distribución geográfica y cambios en la fecha de reproducción y en la selección de hábitat para nidificación (Crick & Lennon 1999, Thomas & Lennon 1999, Shaeter *et al.* 2000, Martin 2001, Moss *et al.* 2001, McCarty 2001). Muy poco se sabe sobre el efecto del CC sobre las interacciones bióticas (Kareiva *et al.* 1993, IPCC 1996, NRC 1999, Hughes 2000), habiéndose abordado aspectos tales como las interacciones planta-herbívoro (Coviella & Trumble 1999). La importancia de las interacciones planta-ave en el funcionamiento de los ecosistemas ha sido demostrada ampliamente y se puede pensar en un ejemplo hipotético sobre los efectos del CC sobre su dinámica y su relación con la conservación de aves en el continente americano.

Por ejemplo, una reserva en un área de bosque de neblina, cuyo fin es preservar aves endémicas, se ubica entre los 700 y 1700 msnm. Estudios llevados a cabo en la reserva manifiestan que está aumentando la frecuencia y abundancia de especies de altitudes más bajas y que éstas comienzan su nidificación dos semanas antes de lo que lo hacían en la última década. Los investigadores reportan que el éxito reproductivo de aves endémicas ha disminuido significativamente debido a la disminución de la disponibilidad de insectos, los cuales son importantes para el desarrollo de los polluelos. Además, los insectos más importantes para la dieta de los polluelos son mayormente consumidos por las aves típicas de altitudes más bajas, insectos que además son visitantes florales de plantas cuya cobertura disminuyó en los últimos veinte años. Estudios adicionales reportan que el límite altitudinal inferior de las aves endémicas ha subido 300 m y que las plantas de las cuales dependen los insectos que son la dieta básica de sus polluelos no siguen este patrón de cambio altitudinal, lo cual se asocia con cambios en la humedad y temperatura del suelo que determinan el reclutamiento de dichas plantas.

Además, entre las aves endémicas, dos especies de colibríes no se registran desde hace tres años y la producción de néctar de las plantas mayormente visitadas por los colibríes es afectada negativamente por la disminución de la humedad relativa del aire, cuyo promedio anual ha disminuido un 5% en los últimos doce años. Los colibríes tienen una de las tasas metabólicas más altas entre las aves y por lo tanto altos requerimientos energéticos, que obtienen en parte del néctar floral. Los investigadores concluyen que a menos que se reviertan las tendencias climáticas, las especies de aves endémicas más sensibles a los cambios en disponibilidad de alimento se extinguirán localmente. Esto es, la importancia de conservación de la reserva se ha visto mermada por la magnitud del CC.

Los efectos de disturbios antrópicos pueden generar cambios como la fragmentación de hábitat, que pueden interactuar con el CC, produciendo efectos sinérgicos sobre los organismos. Por ejemplo, a nivel de paisaje, en los sistemas boscosos la pérdida de cobertura arbórea produce un aumento del albedo (refracción de los rayos solares por la superficie terrestre) (IPCC 1996), potenciando los efectos por cambios climáticos originados a mayor escala espacial.

El CC y otros problemas a los que nos vemos enfrentados en la conservación de interacciones planta-ave, llaman la atención sobre la necesidad de ampliar las escalas de estudio, temporales y espaciales. Por otro lado, la perspectiva del mosaico geográfico de la coevolución (Thompson 1994, 1997) sugiere que la dinámica de las interacciones debe analizarse a escala geográfica, ya que varían en el tiempo y en el espacio, generando patrones que son difíciles —no imposibles— de discernir a escala local.

Aún no podemos responder cómo el CC afecta, con qué magnitud y en qué dirección, a las interacciones planta-ave, pero podemos ver cómo pequeños cambios climáticos pueden aumentar la varianza de respuesta de las especies y sus interacciones, por lo que deberíamos abrirnos a la búsqueda de formas innovadoras de investigar y examinar los problemas de conservación de las interacciones planta-ave.

LAS PLANTAS PIONERAS EN LA DIETA DE AVES Y MURCIÉLAGOS DE LAS MONTAÑAS DE GUAMUHAYA, CUBA

INTRODUCCIÓN

Una de las características esenciales de los ecosistemas tropicales es la relación que se establece entre frugívoros y plantas. Entre la fauna que habita los trópicos se consideran las aves, murciélagos y mamíferos no voladores los mayores responsables de la dispersión de un gran número de especies vegetales (Fleming *et al.*, 1987). La alta movilidad de estos vertebrados mantiene e incrementa la variación genética vegetal, ya que facilita el entrecruzamiento de individuos no emparentados, y aumenta las probabilidades que descendientes de diferentes progenitores crezcan juntos e intercambien genes durante la polinización (Begon *et al.*,1986).

Los bosques de la Reserva de la Biosfera "Sierra del Rosario" presentan una elevada complejidad estructural y diversidad florística (Menéndez *et al.*, 1988). Estos bosques producen gran número de frutos adaptados a ser consumidos y diseminados por vertebrados. Dada la ausencia de las principales familias de aves frugívoras neotropicales (Cotingidae, Pipridae, Ramphastidae y Steotornithidae) así como primates, entre otros mamíferos terrestres frugívoros (ej. Prociónidos); los murciélagos filostómidos y las aves frugívoras no especializadas representan los principales consumidores de frutos y por ende constituyen elementos esenciales para el restablecimiento natural de las áreas boscosas de la Cordillera. Las aves son un grupo conspicuo dentro de los bosques de la Reserva, tanto por su diversidad como biomasa y hasta la fecha se han reportado 92 especies (Rodríguez *et al.*, 1999). A pesar de no existir frugívoros especializados, se conoce que muchas especies de aves cubanas incluyen frecuentemente frutos en sus dietas (Kirkconnell *et al.*, 1992); sin embargo, poco se conoce sobre el papel funcional de este importante grupo de vertebrados en las regiones boscosas de Cuba. Por otra parte, los murciélagos de la familia Phyllostomidae, endémica de los trópicos americanos, son los responsables de la dispersión de semillas de cientos de especies de plantas, incluyendo epifitas, árboles y arbustos (Gardner, 1977). Numerosos estudios (ej. Foster *et al.*, 1986; Fleming, 1988) han evidenciado que los murciélagos juegan un importante papel en la colonización por plantas pioneras de hábitat perturbados, las que modifican las condiciones abióticas y bióticas del medio, y permiten el establecimiento de otras especies vegetales primarias. En la Reserva Sierra del Rosario se han capturado todas las especies de filostómidos fitófagos.

Como parte del proyecto "Estrategias regenerativas y aplicación de tratamientos pregerminativos en semillas de especies forestales pioneras de la Montañas de Guamuhaya, Cuba" nos propusimos conocer qué plantas pioneras forman parte de la dieta de aves y murciélagos que habitan en la Cordillera.

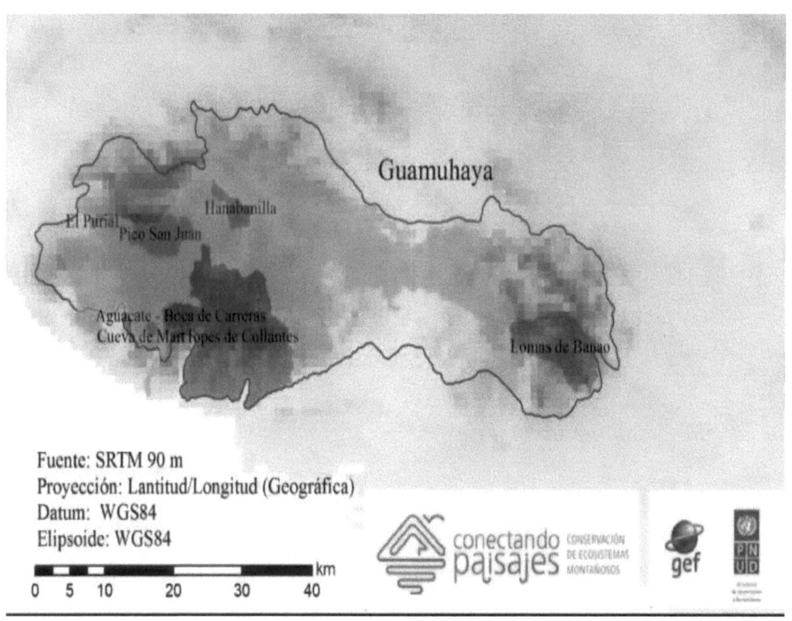

MATERIALES Y MÉTODOS

Para conocer qué especies de aves hacen uso de plantas pioneras se realizaron observaciones en al menos cinco individuos adultos fructificados de las siguientes especies de plantas: *Muntingia calabura*, *Cecropia schreberiana*, *Piper aduncum*, *Trema micrantha*, *Trichospermun mexicanum*, *Guazuma ulmifolia* y *Talipariti elatum* (anteriormente *Hibiscus elatus*). Las observaciones se efectuaron mensualmente, en horas de la mañana, dado que éste es el periodo de mayor actividad alimentaria de las aves, en árboles seleccionados en las cercanías de la Estación Ecológica "Sierra del Rosario" (N 220 51' 04.2" W 820 55' 52.8"). Se registraron las especies de aves, que incluyen frutos de forma habitual en sus dietas, y se puso especial atención a aquellas observadas consumiéndolos. Además, se compilaron todos los datos anecdóticos relacionados con el consumo de frutos por parte de aves en otras localidades de la Reserva.

Para conocer los frutos incluidos en la dieta de los murciélagos filostómidos se efectuaron capturas en parches boscosos de El Aguacate, Manantiales, Pico San Juan, El Naranjo, Lomas de Banao y El Garrote. En las dos primeras localidades se efectuaron dos muestreos (periodos de lluvia y seca), en la última sólo se monitoreó la época lluviosa. Los murciélagos fueron capturados con redes de niebla (9 y 12 m x 2.5 m) emplazadas a nivel del terreno. En total se utilizaron de cinco a seis redes mantenidas abiertas desde las 18:00 hasta las 24:00 hrs, durante cinco noches consecutivas. Los animales capturados fueron identificados y marcados con anillos metálicos numerados. Posteriormente se introdujeron en bolsas de tela por espacio de una hora para darles tiempo que defecaran y poder colectar las heces. Las muestras de alimentación fueron etiquetadas con el número de cada animal y colocadas en viales plásticos con alcohol al 70 % para su posterior identificación en el laboratorio. En el caso de los murciélagos polinívoros se tomaron muestras de polen, pasando pequeños cubos de gel por el cuerpo (Beattie, 1971). Otro método empleado para conocer las plantas utilizadas como alimento por los murciélagos, fue la recolecta de restos de frutos que se hallaban bajo los refugios diurnos y de alimentación.

RESULTADOS Y DISCUSIÓN

Un total de 19 especies de aves, incluidas en nueve familias (Tabla 1), fueron las más comunes en los árboles seleccionados de las especies de plantas pioneras. Las familias más representativas fueron: Columbidae con cuatro especies, e Icteridae y Picidae con tres. Con la excepción del Zorzal Gato, *Dumetella carolinensis*, todas crían en Cuba y se conoce que pueden incluir elementos vegetales en sus dietas (Kirkconnell *et al.*, 1992). Tres especies de carpinteros (Familia Picidae) presentaron una alta asiduidad, observándose en seis de las siete especies de plantas monitoreadas. Otras aves con igual número de taxones de plantas visitados fueron el Tocororo, *Priotelus temnurus*; el Zorzal Real, *Turdus plumbeus*; y el Mayito, *Agelaius humeralis*. De las plantas, *Trema micrantha* y *Muntingia calabura*con 17 y 16 especies de aves respectivamente fueron las que mostraron mayor diversidad de visitantes (Tabla 1). Ambas especies han sido reportadas con anterioridad en la dieta de las aves (Snow, 1981). *Piper aduncum* con cinco especies de aves, fue la que presentó menor número de visitas. Esta planta presenta un porte arbustivo (probablemente muy frágil para aves de talla media) y la posición de sus frutos al parecer no favorece su consumo por parte de las aves, aunque el género ha sido señalado en la dieta de aves frugívoras no especializadas en el Neotrópico (Snow, 1981).

Las plantas pioneras incluidas en las observaciones presentan frutos generalmente chicos, del tipo drupas y bayas, con semillas pequeñas, estas características han sido señaladas como adaptaciones de estas plantas a ser consumidas por aves no especialistas (Snow, 1971). En dos ocasiones se detectaron individuos de Arriero, *Saurothera merlini,* alimentándose de los frutos de *Guazuma ulmifolia*, aunque no en los ejemplares seleccionados en este estudio. A pesar de no presentar frutos carnosos se observó el consumo de *Trichospermun mexicanum* y *Talipariti elatum* por parte de algunas especies de aves (Tabla 1). También se observó a un Negrito, *Melopyrrha nigra*, consumiendo frutos de *Hibiscus costatus;* con anterioridad a este trabajo, el género *Hibiscus* había sido señalado como parte de la dieta de aves en África (Snow, 1981).

Además de las especies de plantas pioneras, objetivo fundamental de este estudio, se observaron otras que las aves incluyen frecuentemente en su dieta como son el Copey (*Clusia rosea;* Clusiaceae*)*, el macurije (*Matayba apetala*; Sapindaceae) y el Almácigo (*Bursera simaruba*, Burseraceae). Los frutos del

Copey fueron consumidos por el Carpintero Verde, *Xiphidiopicus percussus*; el Carpintero Jabado (*Melanerpes superciliaris*), el Bien-te-Veo (*Vireo altiloquus*) y el Solibio (*Icterus dominicensis*); los del Macurije fueron consumidos por el Bien-te-Veo, el Carpintero Jabado, el Carpintero Verde, el Tocororo y el Totí (*Dives atroviolacea*); mientras que el Almácigo fue depredado por el Tocororo, Solibio, Bien-te-Veo y la Bijirita Azul de Garganta Negra (*Dendroica caerulescens*). Un grupo de nueve individuos del Aparecido de San Diego (*Cyanerpes cyaneus*), fue observado alimentándose del Copey. Otras plantas incluidas en la alimentación de las aves de la Cordillera fueron el Palo de Caja, *Allophylus comina* (Sapindaceae) y la Aguedita, *Picramnia pentandra* (Simaroubaceae), ambas consumidas por el Tocororo; la Cigua, *Nectandra coriacea* (Lauraceae) por el Zorzal Real; la Yaba, *Andira inermis* (Fabaceae) por el Solibio y la Macagua, *Pseudolmedia spuria* (Moraceae) por la Chillina, *Teretristis fernandinae*.

Tabla 1. Aves más comunes que visitaron plantas pioneras en la Reserva de la Biosfera "Sierra del Rosario". Mc: *Muntingia calabura*; Cs: *Cecropia schreberiana*; Pa: *Piper aduncun*; Tm: *Trema micrantha*; TRm: *Trichospermum mexicanum*; Gu:*Guazuma ulmifolia*; Te: *Talipariti elatum*. P: perchando en la planta; N: alimentándose en las flores; C: consumiendo el fruto.

	Ma	Cs	Pa	Tm	TRm	Gu	Te
COLUMBIDAE							
Columba leucocephala	P	-	-	P	P	-	-
Columba squamosa	P	-	-	P	P	-	-
Zenaida asiática	-	P	-	-	-	P	P
Zenaida macroura	-	P	-	P	P	P	-
TROGONIDAE							
Priotelus temnurus	P	P	P	P, C	P, C	-	P
PICIDAE							
Colaptes auratus	P	P	-	P	P	P	P
Melanerpes superciliares	P	P	-	P	P	P	P, C
Xiphidiopicus percussus	P	P	-	P	P	P	P
TYRANNIDAE							
Tyrannus caudifasciatus	P	-	P	P	-	P	P
Tyrannus dominicensis	P	-	P	P	-	P	P
TURDIDAE							
Turdus plumbeus	P	P	-	P	P	P	P
MIMIDAE							
Dumetella carolinensis	P	-	-	P	-	-	-
Mimus polyglottos	P	-	-	P	-	P	-
ICTERIDAE							
Agelaius humeralis	P	P	-	P	P	P	P, C
Dives atroviolacea	-	P	-	-	P	P	P
Icterus dominicensis	P, C	-	-	P, C	P	-	P. N
THRAUPIDAE							
Cyanerpes cyaneus	P, N	P	-	P, N	P	P	P, N
Spindalis zena	P, C	P	P	P, C	P	P	P
EMBERIZIDAE							
Melopyrrha nigra	P, C	P	P	P, C	-	P	-

Todas las especies de aves observadas pueden clasificarse como frugívoras facultativas dado que complementan sus dietas con elementos de origen animal. A pesar de ser un grupo conspicuo en las plantas estudiadas, las palomas no deben considerarse como aves frugívoras dado las características de sus hábitos alimentarios, esencialmente granívoros, que provoca la destrucción de las semillas, por lo que no intervienen en su dispersión.

Un total de 391 individuos de murciélagos filostómidos fueron capturados, de los cuales el 90% correspondieron a tres especies: *Monophyllus redmani*, *Artibeus jamaicensis* y *Phyllonycteris poeyi*. Se obtuvieron muestras de actividad alimentaria en 35.5% de los individuos (Tabla 2). Semillas de tres especies de plantas pioneras (*Cecropia schreberiana*, *Piper aduncum*, y *Muntingia calabura*) fueron los elementos más frecuentes en las muestras. También se encontró que el polen de otra planta pionera, *Talipariti elatum*, es un elemento fundamental para los murciélagos nectarívoros en el periodo de seca. cuando están disponibles, los frutos de *Syzygium jambos*, *Ficus* sp., *Guazuma ulmifolia*, *Solanum umbellatum*, *Sideroxylon foetidissimum*, *Andira inermis* y *Callophyllum antillanum*. Poco se sabe de los hábitos alimentarios de *Phyllops falcatus,* además de las especies señaladas en la Tabla 2, se conoce que en su dieta incluye a *C. schreberiana* y *S. jambos* (Mancina y García, 2000).

Phyllonycteris poeyi, *Brachyphylla nana* y *Erophylla sezekorni*, a pesar de ser considerados murciélagos nectarívoros se conoce que incluyen frutos en sus dietas (Silva Taboada, 1979). El análisis de las heces de *P. poeyi* corrobora la importancia de los frutos como parte de su dieta ya que el 35% de los efectivos de la especie presentaban semillas en sus heces, todas de plantas del sotobosque. Al parecer este recurso es más importante en el periodo de lluvia, dado que el 46% de los individuos capturados durante este periodo contenían semillas, en su mayoría de *Piper aduncum* y *Muntingia calabura* (Tabla 2). Lo anterior pudiera estar en correspondencia con la menor disponibilidad de flores durante el periodo lluvioso. Durante la estación de seca el elemento más común en las muestras de *P. poeyi* fueron los pólenes, fundamentalmente de *Hibiscus* sp (Malvaceae). Se detectó que *Monophyllus redmani* incluye pequeños frutos en su dieta, tres muestras contenían pequeñas semillas de *Trema micrantha*, Antes de este trabajo no se conocía que *M. redmani* en Cuba incluía frutos en su alimentación. Al igual que en *P. poeyi* los pólenes son el elemento más frecuente en las muestras del periodo seco.

Basado en el listado florístico de la Montañas de Guamuhaya (Herrera *et al.*, 1988) y la revisión de la literatura disponible, se evidenció que en la Cordillera se encuentran al menos 148 taxa infragenéricos, incluidos en 62 familias de plantas, que se señalan como parte de la dieta de aves y murciélagos filostómidos en la región Neotropical. Las familias más representadas fueron: Rubiaceae (10), Myrtaceae (6), Mimosaceae(6), Lauraceae (6) y Euphorbiaceae (6), Sapindaceae (6), y Moraceae. Las aves al parecer incluyen de forma preferencial a especies de las familias Rubiaceae, Lauraceae, y Euphorbiaceae; y los murciélagos a Mimosaceae, Myrtaceae y Caesalpiniaceae. Fleming (1979) señaló que ambos grupos explotan diferentes tipos de frutos y que la competencia es baja. Es probable que las especies de *Ficus* (Moraceae) presentes en la Cordillera, y señaladas en la literatura como parte de la dieta de las aves, sean consumidas por murciélagos. Como parte de este trabajo se han capturado, en varias ocasiones, individuos de *Artibeus jamaicensis* portando frutos de *Ficus* sp.; además de encontrar restos bajo sus refugios diurnos, desafortunadamente estos no han sido identificados. Es conocida la importancia de los *Ficus* en la *Artibeus jamaicensis*, junto con *Phyllops falcatus*, son las especies cubanas más especialistas en el consumo de frutos, que recogen directamente del follaje de árboles y arbustos.

Tabla 2. Especies de plantas encontradas formando parte de la dieta de murciélagos filostómidos en las Montañas de Guamuhaya según la época de la colecta (seca y lluvia). N: número de individuos colectados.

ESPECIE	N	SECA	LLUVIA
Artibeus jamaicensis	116	*Piper aduncum (2)*	*Cecropia schreberiana(16)* *Piper aduncum (2)* Semillas sin identificar(2)
Phyllops falcatus	15	*Piper aduncum (1)* *Muntingia calabura (1)*	*Piper sp.* (1)

Monophyllus redmani	122	*Trema micrantha (1)*
		Semillas sin identificar (1)
		POLEN
		  • *Spathodea campanulata (3)*
		  • *Talipariti elatum (20)*
		  • *Hibiscus rosasinencis (1)*
		  • *Hibiscus sp. (6)*
		  • *Ochroma piramidale (1)*
			Trema micracantha (2)

Erophylla sezekorni	1	Polen sin identificar (1)	

Phyllonycteris poeyi	116	*Piper aduncum (2)*
		Conostegia xalapensis (2)
		Semillas sin identificar (2)
		Lantana trifolia (1)
		POLEN
		  • *Spathodea campanulata (9)*
		  • *Talipariti elatum (19)*
		  • *Hibiscus rosasinencis (1)*
		  • *Hibiscus sp. (9)*
			Piper aduncum (18)
			Restos de mesocarpo (2)
			Mutingia calabura (7)
			Restos sin identificar (3)

Brachyphylla nana	21	*Ficus sp. (1)* *Muntingia calabura (1)*	Semillas sin identificar (1)

Del análisis de las heces de *A. jamaicensis*, se detectó que *Cecropia schreberiana* es un elemento importante en su dieta al menos en el periodo lluvioso. Otras plantas detectadas en las heces de *A. jamaicensis* fue *Piper aduncum* y por observaciones de restos de alimentos en los refugios diurnos y de actividad forrajera se determinó que esta especie consume, dieta de muchas especies de murciélagos neotropicales (Kalko, *et al.*, 1996) y en Cuba. Silva Taboada (1979) reporta cuatro especies en la dieta de *A. jamaicensis*. Por investigaciones realizadas en áreas boscosas continentales del Neotrópico, se conocen que existen diferencias en la lluvia de pequeñas semillas entre grupos de vertebrados de aves y murciélagos. Estos últimos contribuyen más a la caída de semillas en áreas abiertas, mientras que las aves depositan semillas alrededor de los árboles fructificados, el sotobosque y bordes de los parches boscosos (Foresta, *et al.*, 1984; Gorchov *et al.*, 1993). En las Antillas estudios relacionados con el papel funcional de los vertebrados como dispersores de semillas son muy escasos. Futuras investigaciones serán necesarias para conocer el papel diferencial de aves y murciélagos en la regeneración natural de zonas afectadas de las Montañas de Guamuhaya.

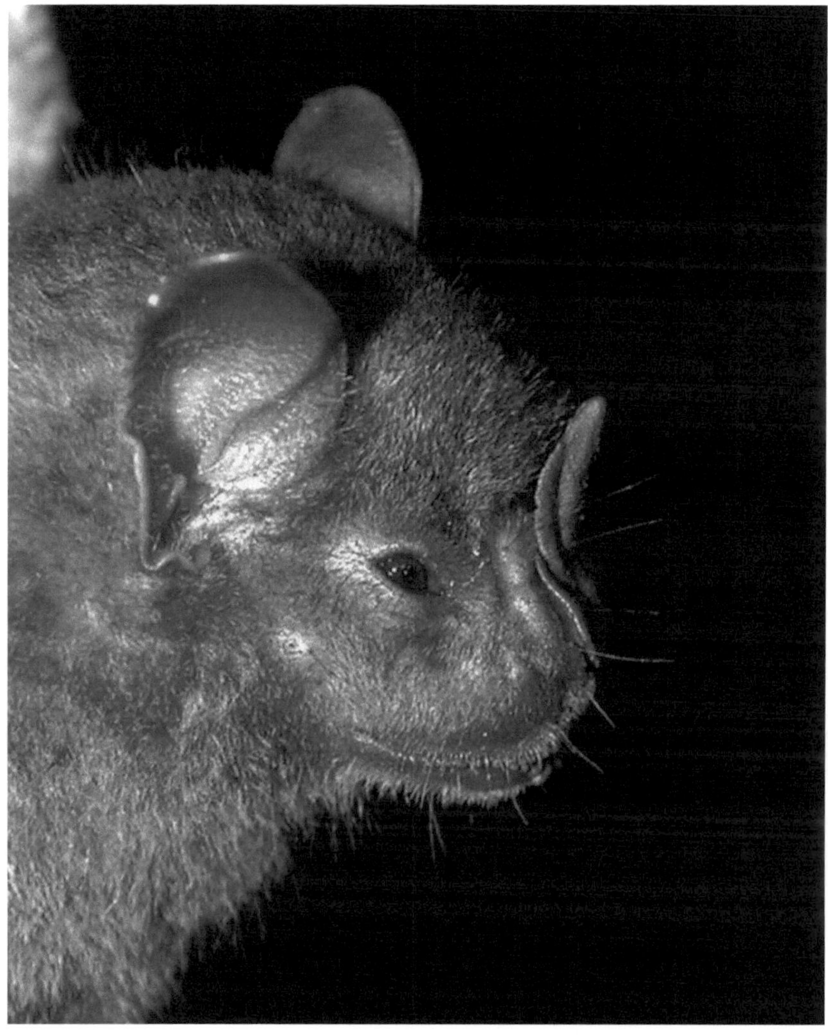

AGRADECIMIENTOS

A los trabajadores de la Montañas de Guamuhaya por la hospitalidad brindada durante la realización de este trabajo. A todos los colegas que nos apoyaron durante las secciones de trabajo nocturno. A la Lic. Alicia Rodríguez investigadora del Jardín Botánico Nacional por la identificación de los pólenes. A Corinna Koch y a WildLife Preservation Trust Canada por el apoyo brindado a nuestras investigaciones.

REFERENCIAS SOBRE FRUGIVORÍA

Beattie, A. J. 1971. A technique for the study of insect-borne pollen. *Pan-Pacific Entomol.*, 47:82.

Begon, M.E., L. Harper y C.R. Townsend. 1986. *Ecology Individual, Populations, and Communities.* Blackwell Scientific Publications, Oxford. 269 pp.

Fleming, T. H. 1979. Do tropical frugivores compete for food ?. *Amer. Zool.* 19: 1157-1172.

Fleming, T. H. 1988. *The Short-tailed Fruit Bat. A study in plant-animal interactions.* The University of Chicago Press. 365 pp.

Fleming, T. H., R. Breitwisch, y G. H. Whitesides. 1987. Patterns of tropical vertebrate frugivore diversity. *Ann. Rev. Ecol. Syst.* 18: 91-109.

Foresta, H. de, P. Charles-Dominique, C. Erard, y M. Prevost. 1984. Zoocorie et premiers stades de la

régénération naturelle après coupe en forêt guyanaise. *Rev. Ecol.*, 39: 369-400.

Foster, R. B., J. Arce y T. S. Wachter. 1986. Dispersal and the sequential plant communities in Amazonian Perufloodplain. En: A. Estrada y T. H. Fleming (eds.)*Frugivores and seed dispersal.* Dordrecht: Junk. pp 151-172.

Gardner, A. L. 1977. Feeding habits. En: R. J. Baker, J. K. Jones y D. C. Carter (eds.) *Biology of bats of the New World family Phyllostomatidae.* Parte II.. Special Public. The Museum Texas Tech Lubbock, No. 13. pp. 293-350.

Gorchov, D. L., F. Cornejo, C. Ascorra, y M. Jaramillo. 1993. The role of seed dispersal in the natural regeneration of rain forest after strip-cutting in the Peruvian Amazon. *Vegetatio* 107/108: 339-349.

Kalko, E. K., E. A. Herre, y C. O. Handley Jr. 1996. Relation of fig fruit characteristics to fruit-eating bats in the New and Old world tropics. *J. Biogeography*, 23: 565-576.

Kirkconnell, A; O. H. Garrido, R. M. Posada, y S. O. Cubillas. 1992. Los grupos tróficos en la avifauna

cubana. *Poeyana*, 415, 1-21.

Menéndez, L., E. E. García, R. A. Herrera, M. E. Rodríguez y J. A. Bastart. 1988. Estructura y productividad del bosque siempreverde medio de la Sierra del Rosario, Cap 8, 151-211 pp. En: R. A. Herrera, L. Menéndez, M. E. Rodríguez y E. E. García (eds.). *Ecología de los Bosques Siempreverdes de la Sierra del Rosario, Cuba. Proyecto MAB no.1, 1974-1987*. ROSTLAC, Montevideo Uruguay.

Mancina, C. A., A. Hernández Marrero, L. Rodríguez Schettino. 2000. Mastofauna silvestre de la Reserva de la Biosfera "Sierra del Rosario", Cuba. *Poeyana* 476-480:9-13.

Mancina, C. A. y L. García. 2000. Notes on the natural history of *Phyllops falcatus* (Gray, 1839) (Phyllostomidae: Stenodermatinae) in Cuba. *Chiroptera Neotropical* 6 (1-2): 123-125.

Rodríguez, L. S., C. A. Mancina, E. Pérez, A. Hernández, y A. Chamizo. 1999. *Manejo y conservación de*

vertebrados terrestres de la Montañas de Guamuhaya, como base de estudio de los cambios climáticos. Informe Final de Proyecto. CITMA, La Habana.

Silva Taboada, G. 1979. *Los Murciélagos de Cuba*. Editorial Academia. La Habana, Cuba. 423 pp.

Snow, D. W. 1971. Evolutionary aspects of fruit-eating by birds. *Ibis* 113: 194-202.

Snow, D. W. 1981. Tropical frugivorous birds and their food plants: A world survey. *Biotropica* 13(1): 1-14.

CONCLUSIONES

La lentitud con que se está generando información sobre la historia natural de interacciones planta-animal, en particular, datos científicamente verificables sobre abundancia de polinizadores y/o dispersores de semillas y efectos rigurosamente identificados de procesos como la fragmentación sobre las interacciones, representa una seria amenaza para conservar los sistemas de polinización y/o dispersión de semillas ante las presiones de tiempo, disponibilidad de recursos e incremento en las tasas de deforestación y fragmentación. Los sistemas de polinización y dispersión de semillas deben ser estudiados en sus propios términos, incluyendo diferencias entre individuos en cuanto a experiencias de forrajeo (Bronstein 1995, Ornelas & Arizmendi 1995), abundancia o escasez de sitios de nidificación, extensión de las áreas de forrajeo (Renton 2001), picos de floración y estrategias oportunistas (Lara & Ornelas 2001b). Por esto, es necesario poner atención a cómo los cambios en el paisaje promueven a su vez cambios en el éxito reproductivo de las plantas, selección de flores y frutos, calidad de recompensas y servicios, germinación de semillas, sobrevivencia de plántulas y rutas migratorias (Roubik 2000).

En conclusión, pensamos que la conservación o restauración de interacciones planta-ave requiere del entendimiento de la reacción de cada uno de los sistemas a múltiples factores interconectados. Aunado a lo que señalan Kremen & Ricketts (2000), pensamos que la aproximación futura al estudio de las interacciones planta-ave y su conservación debe considerar (1) la fenología de las interacciones entre plantas y sus polinizadores y/o dispersores de semillas a través del espacio, (2) el papel de los antagonistas y las interacciones de tres niveles, (3) la relación entre fragmentación y disponibilidad de sitios de nidificación y recursos alimentarios (flores y frutos), (4) el nivel de redundancia dentro de los compartimentos, (5) la vagilidad de los polinizadores, dispersores de semillas y consumidores y su habilidad para moverse a través de ambientes desfavorables, (6) la identificación de recursos claves en ambientes nativos y aquellos que se generan en paisajes producidos antrópicamente y (7) la inclusión de medidas de sensitividad en programas de manejo y conservación a través del tiempo y espacio y a diferentes escalas. Esta aproximación requiere de un esfuerzo monumental a través de varias escalas, paisajes y fronteras. Solo así se podrán implementar soluciones reales a la llamada crisis de los polinizadores (Buchmann & Nabhan 1996) y análogamente a la de los dispersores de semillas y nos permitirá evaluar en su contexto, de manera integral, el papel de los consumidores de flores y semillas y el de los antagonistas como los robadores de néctar y/o patógenos.

En las Antillas estudios relacionados con el papel funcional de los vertebrados como dispersores de semillas son muy escasos. Futuras investigaciones serán necesarias para conocer el papel diferencial de aves y murciélagos en la regeneración natural de zonas afectadas de las montañas de Cuba.

BIBLIOGRAFÍA

Aizen, M. A. & Feinsinger, P. 1994a. Forest fragmentation, pollination and plant reproduction in a Chaco dry forest, Argentina. Ecology 75: 330-351.

Aizen, M. A. & Feinsinger, P. 1994b. Habitat fragmentation, native insect pollinators, and feral honeybees in Argentine "Chaco Serrano". Ecol. Appl. 4: 378-392.

Antonovics, J., P. H. Thrall, A. M. Jaroz & D. Stratton. 1993. Ecological genetics of metapopulations: the Silene-Ustilago plant pathogen system. Pp. 146170 en L. Real (ed.). Ecological genetics. Princeton University Press, Princeton. New Jersey, USA.

Arizmendi, M. C., C. A. Domínguez & R. Dirzo. 1996. The role of an avian nectar robber and of hummingbird pollinators on the reproduction of two plant species. Funct. Ecol. 10: 119-127.

Barrett, S. C. H. 1988. Heterostylous genetic polymorphisms: model system for evolutionary analysis. Pp. 1-24 En S. C. H. Barrett (ed.). Evolution and function of heterostyly. Springer-Wien. Nueva York.

Barrett, S. C. H., D. H. Wilken & W. W. Cole. 2000. Heterostyly in the Lamiaceae: the case of Salvia brandegeei. Plant Syst. Evol. 223: 211-219.

Batra, S. W. T. 1987. Deceit and corruption in the blueberry patch. Nat. Hist. 96: 57-59.

Beach, J. H. & K. S. Bawa.1980. Role of pollination in the evolution of dioecy from distyly. Evolution 34: 1138-1142.

Bradley, N. L., A. C. Leopold, J. Ross & W. Huffaker. 1999. Phenological changes reflect climate change in Wisconsin. Proc. Nat. Acad. Sci. USA 96: 9701-9704.

Bronstein, J. L. 1994a. Conditional outcomes of mutualistic interactions. Trends Ecol. Evol. 9: 214-217.

Bronstein, J. L. 1994b. Our current understanding of mutualism. Quarterly Rev. Biol. 69: 31-51.

Bronstein, J. L. 1995. The plant/pollinator landscape. Pp. 256-288 En L. Fahrig, L. Hansson & G. Merriam (eds.). Mosaic landscapes and ecological processes. Chapman and Hall. Nueva York.

Bronstein, J. L. 2001. The exploitation of mutualisms. Ecology Letters 4: 277287.

Buchmann, S.. L. & G. P. Nabhan. 1996. The forgotten pollinators. Island Press. Washington, D.C.

Bultmant, T. L. & J. F. White. 1988. Pollination of a fungus by a fly. Oecologia 73: 317-319.

Burger, W. & J. Kuijt. 1983. Loranthaceae sensu lato. Flora Costaricensis. Feldiana Bot. 13: 29-79.

Ceulemans, R., L. A. Janssens & M. E. Jach. 1999. Effects of CO2 enrichment on trees and forests: lessons to be learned in view of future ecosystem studies. Ann. Bot. 84: 577-590.

Colwell, R. K. 1973. Competition and coexistence in a simple tropical community. Am. Nat. 107: 737-760.

Colwell, R. K. 1979. The geographical ecology of hummingbird flower mites in relation to their host plants and carriers. Pp. 461-468 En J. G. Rodríguez (ed.). Recent advances in Acarology, Vol. 2. Academic Press. Nueva York.

Colwell, R. K. 1985. Stowaways on the hummingbird express. Nat. Hist. 94: 56-63.

Colwell, R. K. 1995. Effects of nectar consumption by the hummingbird flower mite Proctolaelaps kirmsei on nectar availability in Hamelia patens. Biotropica 27: 206-217.

Colwell, R. K., B. J. Betts, P. Bunnell, F. L. Carpenter & P. Feinsinger. 1974. Competition for the nectar of Centropogon valerii by the hummingbird Colibri thalassinus and the flower-piercer Diglossa plumbea, and its evolutionary implications. Condor 76: 447-452.

Contreras, P. S. & J. F. Ornelas. 1999. Reproductive conflicts of Palicourea padifolia (Rubiaceae) a distylous shrub of a tropical cloud forest in Mexico. Plant Syst. Evol. 219: 225-241.

Corbet, S. A. 2000. Conserving compartments in pollination webs. Conserv. Biol. 14: 1229-1231.

Coviella, C. E. & J. T. Trumble. 1999. Effects of elevated atmospheric carbon dioxide on insect-plant interactions. Conserv. Biol. 13: 700-712.

Cox, P. A. & T. Elmqvist. 2000. Pollinator extinction in the Pacific Islands. Conserv. Biol. 14: 1237-1239.

Crick, H. Q. P. & T. H. Sparks. 1999. Climate change related to egg-laying trends. Nature 399: 423-424.

Darwin, C. 1877. The different forms of flowers on plants of the same species. John Murray. Londres, Reino Unido.

Davidar, P. 1983. Birds and neotropical mistletoes: effects on seedling recruitment. Oecologia 60: 271-273.

Dobkin, D. S. 1987. Synchronous flower abscission in plants pollinated by hermit hummingbirds and the evolution of one-day flowers. Biotropica 19: 90-93.

Dobkin, D. S. 1990. Distribution patterns of hummingbird flower mites (Gamasidae: Ascidae) in relation to floral availability on Heliconia inflorescences. Behav. Ecol. 1: 131-139.

Feinsinger, P. 1987. Approaches to nectarivore-plant interactions in the New World. Revista Chilena Hist. Nat. 60: 285-319.

Feinsinger, P. 1987. Approaches to nectarivore-plant interactions in the New World. Revista Chilena Hist. Nat. 60: 285-319.

Galindo-González, J., S. Guevara & V. J. Sosa. 2000. Bat- and bird-generated seed rains at isolated trees in pastures in a tropical rainforest. Conserv. Biol. 14: 1693-1703.

Gilbert, G. S. & S. P. Hubbell. 1996. Plant diseases and the conservation of tropical forest. BioScience 46: 98-106.

Gordon, C. E. & J. F. Ornelas. 2000. Comparing endemism and habitat restriction in the Mesoamerican tropical deciduous forest avifauna: implications for biodiversity conservation planning. Bird Conserv. Int. 10: 289-304.

Guevara, S., S. Purata & E. van der Maarel. 1986. The role of remnant trees in tropical secondary succession. Vegetatio 66: 74-64.

Harris, L. D., T. S. Hoctor & S. E. Gergel. 1996. Landscape processes and their significance to biodiversity conservation. Pp. 319- 347 En O. R. Rodhes, R. K.

Chesser & M. H. Smith (eds.). Population dynamics in ecological space and time. University of Chicago Press. Chicago, Illinois, USA.

Hermann, B. P., T. K. Mal, R. J. Williams & N. R. Dollahon. 1999. Quantitative evaluation of stigma polymorphism in a tristylous weed, Lythrum salicaria (Lythraceae). Am. J. Bot. 86: 1120-1129.

Herrera, C. M. 1999. Daily patterns of pollinator activity, differential pollinating effectiveness, and floral resource availability, in a summer-flowering Mediterranean shrub. Oikos 58: 277-278.

Heyneman, A. J., R. K. Colwell, S. Naeem, D. S. Dobkin & B. Hallet. 1991. Host plant discrimination: experiments with hummingbird flower mites. Pp. 455-485 En P. W. Price, T. M. Lewinsohn, G. W. Fernandes & W. W. Benson (eds.). Plant-animal interactions: evolutionary ecology in tropical and temperate regions. Wiley-Interscience. Nueva York.

Howe, H. F. 1974. Implications of seed dispersal by animals for tropical reserve management. Biol. Conserv. 30: 261-281.

Howe, H. F. & J. Smallwood. 1982. Ecology of seed dispersal. Annu. Rev. Ecol. Syst. 13: 201-228.

Hughes, L. 2000. Biological consequences of global warming: is the signal already apparent? Trends Ecol. Evol. 15: 56-61.

Inouye, D. W. 1983. The ecology of nectar robbing. Pp. 153-173 En B. Bentley & T. Elias, (eds.). The biology of nectaries. Columbia University Press. Nueva York.

IPCC (Intergovernmental Panel on Climate Change). 1996. Climate change 1995: the science of climate change. Contribution of working group I to the second assessment report of the IPCC. Cambridge University Press. Cambridge, Massachusetts.

Irwin, R. E. & A. K. Brody. 1999. Nectar-robbing bumblebees reduce the fitness of Ipomopsis aggregata (Polemoniaceae). Ecology 80: 1703-1712.

Janzen, D. H. 1974. The deflowering of Central America. Nat. Hist. 83: 48-53.

Jennersten, O. 1983. Butterfly visitors as vectors of Ustilago violacea spores between caryophylaceaous plants. Oikos 40: 125-130.

Jordano, P. 1987. Patterns of mutualistic interactions in pollination and seed dispersal: connectance, dependence asymmetries, and coevolution. Am. Nat. 129: 657-677.

Kareiva, P. M., J. G. Kingsolver & R. B. Huey (eds.). 1993. Biotic interactions and global change. Sinauer Associates. Sunderland, Massachusetts.

Kattan, G. H., H. Alvarez-López & M. Giraldo. 1994. Forest fragmentation and bird extinctions: San Antonio eighty years later. Conserv. Biol. 8: 138-146.

Kearns, C. A., D. W. Inouye & N. M. Waser. 1998. Endangered mutualisms: the conservation of plant-pollinator interactions. Annu. Rev. Ecol. Syst. 29: 83-112.

Kevan, P. G. 1975. Pollination and environmental conservation. Environ. Conserv. 2: 293-298.

Kremen, C. & T. Ricketts. 2000. Global perspectives on pollination disruptions. Conserv. Biol. 14: 1226-1228.

Kuijt, J. 1969. The biology of parasitic flowering plants. University of California Press. Los Angeles. California.

Lara, C. & J. F. Ornelas. 2001. Preferential nectar robbing of flowers with long corollas: experimental studies of two hummingbird species visiting three plant species. Oecologia 128: 263-273

Lara, C. & J. F. Ornelas. sometido. Amethyst-throated Hummingbird Lampornis amethystinus responses to experimental simulation of hummingbird flower mite nectar consumption on Moussonia deppeana (Gesneriaceae). Oikos.

Lara, C. & J. F. Ornelas. 2001. Nectar "theft" by hummingbird flower mites and its consequences for seed set in Moussonia deppeana. Funct. Ecol. 15: 78-84.

Lara, C. & J. F. Ornelas. sometido. Nectar consumption by flower mites on six hummingbird-pollinated plants with contrasting flower longevities. Ecology.

Lara, C. & J. F. Ornelas. en prep. Hummingbirds as vectors of Fusarium moniliforme spores to the protandric shrub Moussonnia deppeana: taking advantage of a mutualism.

Loiselle, B. A. & J. G. Blake. 1992. Population variation in a tropical bird community: implications for conservation. BioScience 42: 838-845.

Loisseau, P. & J. F. Soussana. 2000. Effect of elevated CO2 , temperature and N fertilization on nitrogen fluxes in a temperate grassland ecosystem. Global Ecol. Biogeogr. Letters 6: 953-965.

López de Buen, L. & J. F. Ornelas. 1999. Frugivorous birds, host selection and the mistletoe Psittacanthus schiedeanus, in Central Veracruz, Mexico. J. Trop. Ecol. 15: 329-340.

López de Buen, L. & J. F. Ornelas. sometido. Host compatibility of the cloud forest mistletoe Psittacanthus schiedeanus (Loranthaceae) in Central Veracruz, Mexico. Am. J. Bot.

López de Buen, L. & J. F. Ornelas. 2001. Seed dispersal of the mistletoe Psittacanthus schiedeanus by birds in Central Veracruz, Mexico. Biotropica.

López de Buen, L., J. F. Ornelas & J. G. García-Franco. 2001. Mistletoe infection of trees located at fragmented forest edges in the cloud forest of Central Veracruz, Mexico. J. Forest Ecol. Manag.

Maloof, J. E. & D. W. Inouye. 2000. Are nectar robbers cheaters or mutualists? Ecology 81: 2651-2661.

Martin, T. E. 2001. Abiotic vs. biotic influences on habitat selection of coexisting species: climate change impacts? Ecology 82: 175-188.

Martínez del Rio, C., A. Silva, R. Medel & M. Hourdequin. 1996. Seed dispersers as disease vectors: bird transmission of mistletoe seeds to plant hosts. Ecology 77: 912-921.

McCarty, J. P. 2001. Ecological consequences of recent climate change.

Conserv. Biol. 15: 320-331.

McClanahan, T. R. 1986. Pollen dispersal and intensity as criteria for the minimum viable population and species reserves. Environ. Manag. 10: 381-386.

McClanahan, T. R. 1993. Accelerating forest succession in a fragmented landscape and the role of birds and perches. Conserv. Biol. 7: 279-288.

Medellín, R. & O. Gaona. 1999. Seed-dispersal by bats and birds in forest and disturbed habitats in Chiapas, Mexico. Biotropica 31: 478-485.

Melillo, J. M., T. V. Callaghan, F. I. Woodward, E. Salati & S. K. Sinha. 1990. Effects on ecosystems. Pp. 283-310 En Houghton, J.T., G. J. Jenkins & J. J.

Ephraums (eds.). Climate change. The IPCC scientific assessment. Cambridge University Press. Cambridge, Massachusetts.

Moss, R., J. Oswald & D. Baines. 2001. Climate change and breeding success: decline of the capercaillie in Scotland. J. Anim. Ecol. 70: 47-61.

Naeem, S., D. S. Dobkin & B. M. Oconnor. 1985. Lasioseius mites (Acari: Gamasina: Ascidae) associated with hummingbird-pollinated flowers in Trinidad, West Indies. Int. J. Ento. 27: 338-353.

Naskrecki, P & R. K. Colwell. 1998. Systematics and host plant affiliations of hummingbird flower mites of the genera Tropicoseius Baker and Yunker and Rhionoseius Baker and Yunker (Acari: Mesostigmata: Ascidae). Thomas Say Publications in Entomology. Monographs, Entomological Society of America.

National Research Council. 1999. Global Environmental Change: Research Pathways for the Next Decade. Committee on Global Change Research.

Navarro, L. 1999. Pollination ecology and effect of nectar removal in Macleania bullata (Ericaceae). Biotropica 31: 618-625.

Nepstad, D. C., C. Uhl, C. A. Pereira & J. M. Cardoso da Silva. 1996. A comparative study of tree establishment in abandoned pasture and mature forest of eastern Amazonia. Oikos 76: 25-39.

Ni, J., M. T. Sykes, I. C. Prentice & W. Cramer. 2000. Modelling the vegetation of China using the process-based equilibrium terrestrial biosphere model BIOME3. Global Ecol. Biogeogr. Letters 9: 463-479.

Norton, D. A. 1991. Trilepidea adamsii: an obituary for a species. Conser. Biol. 5: 52-57.

Norton, D. A. & N. Reid. 1997. Lessons in ecosystem management from management of threatened and pest Loranthaceous mistletoes in New Zealand and Australia. Conserv. Biol. 11: 759-769.

Norton, D. A., R. J. Hobbs & L. Atkins. 1995. Fragmentation, disturbance and plant distribution: mistletoes in woodland remnants in the Western Australia wheatbelt. Conserv. Biol. 9: 426-438.

Ornelas, J. F. & M. C. Arizmendi. 1995. Altitudinal migration: implications for conservation of avian Neotropical migrants in western Mexico. Pp. 98-112 En M. H. Wilson & S. A. Sader (eds.). Conservation of Neotropical migratory birds in Mexico. Maine Agricultural and Forest Experiment Station. Miscellaneous Publication 727, Orono, Maine.

Ornelas, J. F. 1994. Serrate tomia: an adaptation for nectar robbing in hummingbirds? Auk 111: 703-710.

Ornelas, J. F., C. González, L. Jiménez, C. Lara, A. J. Martínez & P. S. Contreras. (sometido). Ecological factors around heterostyly in hummingbirdpollinated Palicourea padifolia (Rubiaceae). Am. J. Bot.

Paciorek, C. B., B. Moyer, R. Levin & S. Halpern. 1995. Pollen consumption by the mite Proctolaelaps kirmsei and possible effects on Hamelia patens. Biotropica 27: 258-262.

Paton, D. C. 2000. Disruption of bird-plant pollination systems in Southern Australia. Conserv. Biol. 14: 1232-1234.

Pfunder, M. & B. A. Roy. 2000. Pollinator-mediated interactions between a pathogenic fungus, Uromyces pisi (Pucciniaceae), and its host plant, Euphorbia cyparissias (Euphorbiaceae). Am. J. Bot. 87: 48-55.

Poulin, B., G. Lefebvre & R. McNeil. 1994. Characteristics of feeding guilds and variation in diets of bird species of three adjacent tropical sites. Biotropica 26: 187-197.

Prentice, I. C. 1992. Climate change and long-term vegetation dynamics. Pp. 293-345 En Glen-Lewin, D. C., R. K. Peet & T. T. Veblen (eds.). Plant succession. Theory and prediction. Chapman & Hall. Nueva York.

Proctor, M., P. Yeo & A. Lack. 1996. The natural history of pollination. Timber. Portland, Oregon.

Rathcke, B. J. & E. S. Jules. 1993. Habitat fragmentation and plant-pollinator interactions. Current Science 65: 273-277.

Ree, R. H. 1997. Pollen flow, fecundity, and the adaptive significance of heterostyly in Palicourea padifolia (Rubiaceae). Biotropica 29: 298-308.

Reid, N., M. Stafford & Z. Yan. 1995. Ecology and population biology of mistletoes. Pp. 285- 311 En M. D. Lowman y N. M. Nadkarni (eds.). Forest canopies. Academic Press. Nueva York.

Renton, K. 2001. Lilac-crowned parrot diet and food resource availability: resource tracking by a parrot seed predator. Condor 103: 62-69.

Restrepo, C. 1987. Aspectos ecológicos de la diseminación de cinco especies de muérdagos por aves. Humboldtia 1: 65-116.

Rodhes, O. R. & E. P. Odum. 1996. Spatiotemporal approaches in ecology and genetics: the road less traveled. Pp. 1- 7 En O. R. Rodhes, R. K. Chesser & M. H. Smith (eds.). Population dynamics in ecological space and time. The University of Chicago Press. Chicago, Illinois.

Roubik, D. W. 2000. Pollination system stability in tropical America. Conserv. Biol. 14: 1235-1236.

Roy, B. A. 1993. Floral mimicry by a plant pathogen. Nature 362:56-58.

Roy, B. A. 1994. The use and abuse of pollinators by fungi. Trends Ecol. Evol. 9: 335-339.

Sala, O. E., F. Stuart Chapin III, J. J. Armesto, E. Berlow, J. Bloomfield, R. Dirzo,

E. Huber-Sanwald, L. F. Huenneke, R. B. Jackson, A. Kinzig, R. Leemans, D. M. Lodge, H. A. Mooney, M. Oesterheld, N. LeRoy Poff, M. T. Sykes, B. H. Walker, M. Walker & D. Wall. 2000. Global biodiversity scenarios for the year 2100. Science 287: 1770-1774.

Sargent, S. 1995. Seed fate in a tropical mistletoe: the importance of host twig size. Funct. Ecol. 9: 197-204.

Saunders, D., R. Hobbs & C. Margules. 1991. Biological consequences of ecosystem management: a review. Conserv. Biol. 5: 18-32.

Shaeter, B. E., J. Tufto, S. Engen, K. Jerstad, O. W. Restad & J. E. Skatan. 2000. Population dynamical consequences of climate change for a small temperate songbird. Science 287: 854-856.

Stouffer, P. C. & R. O. Bierregaard. 1995. Effects of forest fragmentation on understory hummingbirds in Amazonian Brazil. Cons. Biol. 9: 1085-1094. Thomas, C. D. & J. J. Lennon. 1999. Birds extend their ranges northwards. Nature 399: 213.

Thompson, J. N. 1994. The coevolutionary process. University of Chicago Press. Chicago.

Thompson, J. N. 1994. The coevolutionary process. University of Chicago Press. Chicago, Illinois.

Thompson, J. N. 1997. Evaluating the dynamics of coevolution among geographically structured populations. Ecology 78: 1619-1623.

Traveset, A., M. F. Willson & C. Sabag. 1998. Effect of nectar-robbing birds on fruit set of Fuchsia magellanica in Tierra del Fuego: a disrupted mutualism. Funct. Ecol. 12: 459-464.

Wheelwright, N. T., W. A. Haber, K. G. Murray & C. Guindon. 1984. Tropical fruit-eating birds and their food plants: a survey of a Costa Rican lower montane forest. Biotropica 16: 173-192.

Wilding, N., N. M. Collins, P. M. Hammond & J. F. Webber. 1989. Insect-fungus interactions. Academic Press. Nueva York.

Williams-Linera, G. 1992. Distribution of the hemiepiphyte Oreopanax capitatus at the edge and interior of a Mexican lower montane forest. Selbyana 13: 35-38.

Withgott, J. 1999. Pollination migrates to top of conservation agenda.

BioScience 49: 857-862.

Printed by Books on Demand GmbH, Norderstedt / Germany